MLOps –
Kernkonzepte im Überblick

MLOps – Kernkonzepte im Überblick

Machine-Learning-Prozesse im Unternehmen nachhaltig automatisieren und skalieren

Mark Treveil und das Dataiku-Team

Deutsche Übersetzung von Marcus Fraaß

Mark Treveil und das Dataiku-Team

Lektorat: Alexandra Follenius
Übersetzung: Marcus Fraaß
Korrektorat: Sibylle Feldmann, *www.richtiger-text.de*
Satz: III-satz, *www.drei-satz.de*
Herstellung: Stefanie Weidner
Umschlaggestaltung: Karen Montgomery, Michael Oréal, *www.oreal.de*
Druck und Bindung: mediaprint solutions GmbH, 33100 Paderborn

Bibliografische Information der Deutschen Nationalbibliothek
Die Deutsche Nationalbibliothek verzeichnet diese Publikation in der Deutschen Nationalbibliografie; detaillierte bibliografische Daten sind im Internet über *http://dnb.d-nb.de* abrufbar.

ISBN:
Print 978-3-96009-172-1
PDF 978-3-96010-580-0
ePub 978-3-96010-581-7
mobi 978-3-96010-582-4

1. Auflage

Wieblinger Weg 17
69123 Heidelberg

Hinweis:
Dieses Buch wurde auf PEFC-zertifiziertem Papier aus nachhaltiger Waldwirtschaft gedruckt. Der Umwelt zuliebe verzichten wir zusätzlich auf die Einschweißfolie.

Schreiben Sie uns:
Falls Sie Anregungen, Wünsche und Kommentare haben, lassen Sie es uns wissen: *kommentar@oreilly.de*.

5 4 3 2 1 0

Inhalt

Teil II MLOps einsetzen

Teil III MLOps-Anwendungsfälle aus der Praxis

Vorwort

Wir haben einen Wendepunkt in der Geschichte des maschinellen Lernens erreicht, an dem die Technologie aus dem theoretischen und dem akademischen Umfeld in die »reale Welt« vorgedrungen ist – d. h. in Unternehmen, die alle möglichen Arten von Dienstleistungen und Produkten für Menschen auf der ganzen Welt anbieten. Dieser Wandel ist nicht nur äußerst spannend, sondern stellt auch eine Herausforderung dar, da er die Komplexität von Machine-Learning-Modellen mit der Komplexität moderner Unternehmen zusammenbringt.

Eine Schwierigkeit, wenn Unternehmen von der experimentellen Nutzung des Machine Learning zur Skalierung in Produktivumgebungen übergehen, stellt die Wartung dar. Wie können Unternehmen von der Verwaltung eines einzigen Modells zum Managen von Dutzenden, Hunderten oder sogar Tausenden übergehen? Hier kommt nicht nur MLOps ins Spiel, sondern auch die bereits erwähnten Komplexitäten, und zwar sowohl auf der technischen als auch auf der geschäftlichen Ebene. Dieses Buch führt Leserinnen und Leser in diese Herausforderungen ein und bietet gleichzeitig praktische Einblicke und Lösungen für die Entwicklung von Fähigkeiten im Bereich MLOps.

An wen sich dieses Buch richtet

Wir haben dieses Buch speziell für Managerinnen und Manager von Analytics- und IT-Operations-Teams geschrieben, also für die Personen, die direkt mit der Aufgabe betraut sind, Machine Learning (ML) in einer Produktivumgebung zu skalieren. Da MLOps ein neues Feld ist, haben wir dieses Buch als Leitfaden für das Erstellen einer erfolgreichen MLOps-Umgebung konzipiert, beginnend bei den organisatorischen bis hin zu den technischen Herausforderungen.

Aufbau des Buchs

Dieses Buch ist in drei Hauptteile gegliedert. Teil I, *Was ist MLOps, und warum wird es benötigt?*, stellt das Thema MLOps grundlegend vor und geht darauf ein, wie (und warum) es sich als Disziplin entwickelt hat, wer beteiligt sein sollte, um MLOps erfolgreich durchzuführen, und welche Bausteine erforderlich sind.

Teil II, *MLOps einsetzen*, orientiert sich im Wesentlichen an dem Lebenszyklus von Machine-Learning-Modellen und umfasst mehrere Kapitel, die sich mit der Entwicklung von Modellen, der Produktionsvorbereitung, dem Deployment in die Produktivumgebung, dem Monitoring und der Governance befassen. Diese Kapitel behandeln nicht nur allgemeine Aspekte, sondern auch solche, die sich speziell auf den Einsatz von MLOps in jeder Phase des Lebenszyklus beziehen, wodurch die in Kapitel 3, *Die Kernkomponenten von MLOps*, behandelten Themen noch genauer ausgeführt werden.

Teil III, *MLOps-Anwendungsfälle aus der Praxis*, enthält konkrete Beispiele, die Ihnen zeigen sollen, wie MLOps heute in Unternehmen aussieht, wie es konzeptioniert ist und mit welchen Implikationen zu rechnen ist. Obwohl die Firmennamen fiktiv gewählt wurden, basieren die Beispiele auf Erfahrungen, die reale Unternehmen im Zusammenhang mit MLOps und einem im großen Maßstab angelegten Modellmanagement gemacht haben.

Danksagungen

Wir möchten dem gesamten Dataiku-Team für seine Unterstützung bei der Entstehung dieses Buchs danken, angefangen von der Konzeption bis hin zur Fertigstellung. Es war eine echte Teamleistung und ist, wie die meisten Dinge, die wir bei Dataiku machen, das Ergebnis einer intensiven Zusammenarbeit zwischen unzähligen Menschen und Teams.

Danke an alle, die unsere Idee, dieses Buch mit O'Reilly herauszubringen, von Anfang an unterstützt haben. Danke an alle, die beim Schreiben und Herausgeben mitgeholfen haben. Ebenfalls danke an alle, die uns ehrliches Feedback gegeben haben (auch wenn es zur Folge hatte, noch mehr zu schreiben oder umzuschreiben). Danke an alle, die uns intern stets ermutigt haben, und natürlich an alle, die uns geholfen haben, das finale Produkt der weltweiten Öffentlichkeit vorstellen zu können.

TEIL I

Was ist MLOps, und warum wird es benötigt?

KAPITEL 1

Warum jetzt, und was sind die Herausforderungen?

Machine Learning Operations (MLOps) entwickelt sich zusehends zu einer unverzichtbaren Komponente, um Data-Science-Projekte im Unternehmen erfolgreich in den Einsatz zu bringen (siehe Abbildung 1-1). Dabei handelt es sich um Prozesse, die dem Unternehmen und den Verantwortlichen dabei helfen, im Zusammenhang mit Data Science, Machine Learning und KI-Projekten langfristigen Wert zu generieren und Risiken zu reduzieren. Dennoch stellt MLOps ein relativ neues Konzept dar. Warum hat es also scheinbar über Nacht Einzug in das Data-Science-Lexikon erhalten? In diesem einführenden Kapitel wird erläutert, was MLOps auf einer übergeordneten Ebene ist, welche Herausforderungen es mit sich bringt, warum es für eine erfolgreiche Data-Science-Strategie im Unternehmen unverzichtbar geworden ist und, was besonders wichtig ist, warum es gerade jetzt in den Vordergrund rückt.

MLOps im Vergleich zu ModelOps und AIOps

MLOps (oder ModelOps) ist eine relativ neue Fachdisziplin, die seit Ende des Jahres 2018 unter diesen Namen in Erscheinung trat. Die beiden Termini – MLOps und ModelOps – werden zum Zeitpunkt der Erstellung dieses Buchs weitgehend synonym verwendet. Einige argumentieren jedoch, dass ModelOps umfassender als MLOps ist, da es nicht nur um Machine-Learning-(ML)-Modelle geht, sondern um jede Art von Modellen (z.B. auch regelbasierte Modelle). Im Rahmen dieses Buchs werden wir uns speziell mit dem Lebenszyklus von ML-Modellen befassen und daher den Begriff *MLOps* verwenden.

Auch wenn es manchmal mit MLOps verwechselt wird, bezieht sich AIOps hingegen auf ein ganz anderes Thema und bezeichnet den Prozess der Lösung operativer Herausforderungen im Rahmen des Einsatzes von künstlicher Intelligenz (d.h. KI für DevOps). Ein Beispiel wäre eine Form der vorausschauenden Wartung im Zusammenhang mit Netzwerkausfällen, bei der DevOps-Teams auf mögliche Probleme aufmerksam gemacht werden, bevor sie auftreten. Obwohl AIOps für sich genommen wichtig und interessant ist, liegt es außerhalb des Rahmens dieses Buchs.

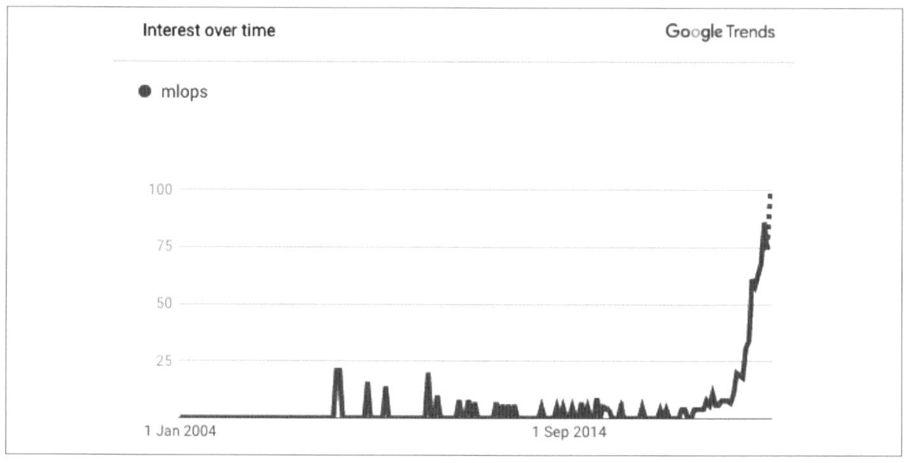

Abbildung 1-1: Darstellung des exponentiell verlaufenden Suchtrends des Begriffs »MLOps« (ohne gleichzeitige Berücksichtigung des Terminus »ModelOps«)

MLOps – Definition und Herausforderungen

Im Kern ist MLOps die Standardisierung und Straffung des Lebenszyklusmanagements von ML-Modellen (siehe Abbildung 1-2). Doch weshalb muss der ML-Lebenszyklus überhaupt gestrafft werden? Oberflächlich betrachtet, könnte man annehmen, dass die Arbeitsschritte, die vom Geschäftsproblem zu einem ML-Modell führen, sehr einfach sind.

Für die meisten traditionellen Unternehmen ist die Entwicklung mehrerer Machine-Learning-Modelle und deren Einsatz in einer Produktivumgebung relativ neu. Bis vor Kurzem war die Anzahl der Modelle vielleicht noch überschaubar, oder es bestand einfach weniger Interesse daran, diese Modelle und ihre Abhängigkeiten auf unternehmensweiter Ebene zu verstehen. Mit der fortschreitenden Automatisierung von Entscheidungsprozessen (d.h. mit einer zunehmenden Verbreitung von Entscheidungen, die ohne menschliches Zutun getroffen werden) rücken Modelle immer stärker in den Fokus, und parallel dazu wird auch das Management von Modellrisiken auf höchster Ebene immer wichtiger.

Insbesondere in Bezug auf die Anforderungen und die genutzten Tools erweist sich das Lebenszyklusmanagement von Machine-Learning-Modellen in einem Unternehmen tatsächlich als durchaus komplex (siehe Abbildung 1-3).

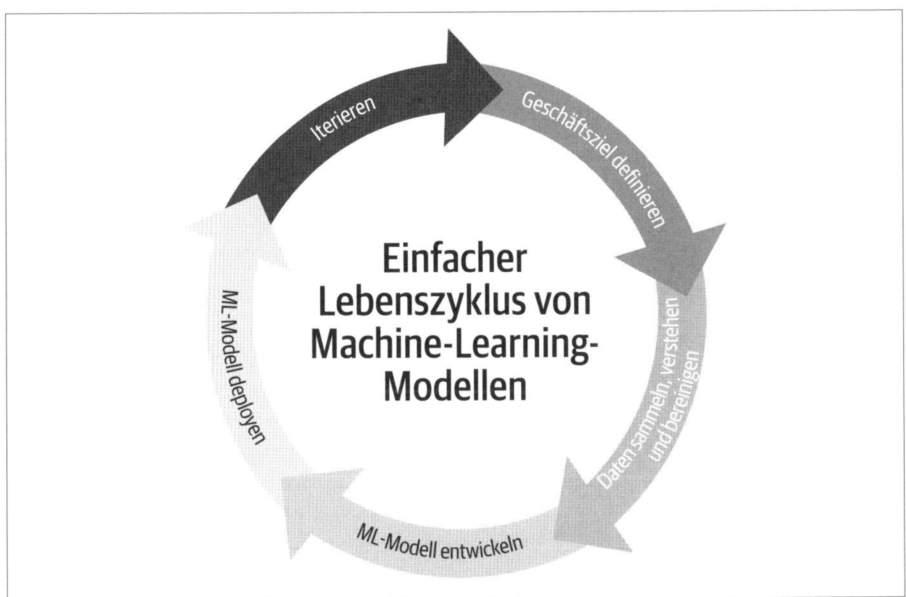

Abbildung 1-2: Eine vereinfachte Darstellung des Lebenszyklus von ML-Modellen, die die Notwendigkeit von MLOps nur unzureichend abbildet, speziell im Vergleich zu Abbildung 1-3

Es gibt drei Hauptgründe dafür, dass das Lebenszyklusmanagement skalierbarer ML-Modelle eine Herausforderung darstellt:

- Es gibt zahlreiche Abhängigkeiten. Nicht nur die Daten ändern sich ständig, sondern auch die geschäftlichen Anforderungen. Neue Informationen müssen kontinuierlich an das Unternehmen zurückgegeben werden, um sicherzustellen, dass der Produktivbetrieb des Modells, auch in Bezug auf die Akkuranz der Produktionsdaten, mit den Erwartungen übereinstimmt und – was von entscheidender Bedeutung ist – dass das ursprüngliche Problem gelöst bzw. die ursprüngliche Zielsetzung erreicht wird.
- Nicht alle sprechen die gleiche Sprache. Auch wenn am ML-Lebenszyklus Mitarbeiter aus Business-, Data-Science- und IT-Teams beteiligt sind, ist es nicht zwingend gegeben, dass diese Teams die gleichen Tools oder – in vielen Fällen – sogar die gleichen grundlegenden Fähigkeiten, die als Kommunikationsbasis dienen, teilen.
- Data Scientists sind keine Softwareentwickler. Die meisten sind auf die Entwicklung und Evaluierung von Modellen spezialisiert, und ihr Know-how liegt nicht zwingend in der Entwicklung von Anwendungen. Obwohl sich dies im Laufe der Zeit ändern könnte, da sich einige Data Scientists auf die Bereitstellung bzw. den Betrieb von Modellen spezialisieren werden, müssen derzeit viele Data Scientists mit verschiedenen Rollen gleichzeitig jonglieren, was es schwierig macht, eine davon vollständig auszufüllen. Die Überforde-

rung von Data Scientists wird insbesondere im Rahmen der Skalierung – wenn es immer mehr Modelle zu verwalten gibt – problematisch. Noch komplexer wird es, wenn man zusätzlich die Fluktuation der Mitarbeitenden in den Datenteams berücksichtigt: Schließlich gibt es nicht wenige Data Scientists, die sich plötzlich dazu gezwungen sehen, Modelle zu verwalten, die sie nicht selbst entwickelt haben.

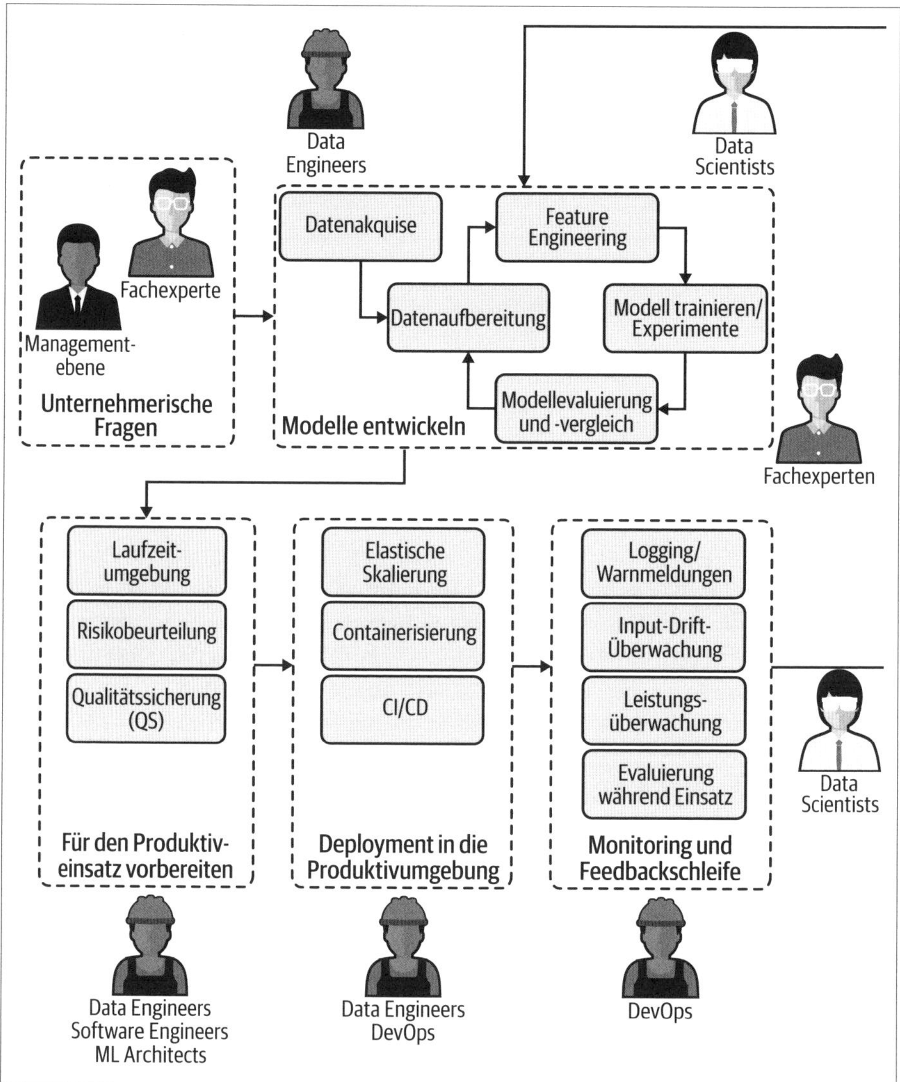

Abbildung 1-3: Ein realistischeres Bild des Lebenszyklus eines ML-Modells in einem modernen Unternehmen, in den viele verschiedene Personen mit völlig unterschiedlichen Fähigkeiten involviert sind, die oft völlig unterschiedliche Tools verwenden

Wenn Ihnen die Definition (oder lediglich die Bezeichnung MLOps) bekannt vorkommt, liegt das vor allem daran, dass sie sich stark an das Konzept, das hinter DevOps steht, anlehnt: DevOps dient dazu, die Prozesse im Rahmen von Softwareänderungen und -aktualisierungen zu straffen. In der Tat haben beide Konzepte ziemlich viel gemeinsam. Zum Beispiel geht es bei beiden darum,

- eine robuste Automatisierung und vertrauensvolle Zusammenarbeit zwischen den Teams zu gewährleisten,
- den Leitgedanken einer kooperativen Zusammenarbeit und einer verbesserten Kommunikation zwischen den Teams zu fördern,
- den Lebenszyklus des Diensts ganzheitlich (Build, Test, Release) zu berücksichtigen und
- den Schwerpunkt auf eine kontinuierliche Auslieferung (*Continuous Delivery*) und hohe Qualitätsanforderungen zu setzen.

Es gibt jedoch einen entscheidenden Unterschied zwischen MLOps und DevOps, der dafür sorgt, dass letzteres Konzept nicht sofort auf Data-Science-Teams übertragbar ist: In der Produktion unterscheidet sich das Deployment von Softwareprogrammen grundlegend vom Deployment von ML-Modellen. Während Softwareprogramme relativ statisch sind (»relativ«, da viele moderne Software-as-a-Service-(SaaS-)Unternehmen bereits über DevOps-Teams verfügen, die recht schnell iterieren und in der Produktion mehrmals am Tag deployen können), ändern sich Daten hingegen ständig, was bedeutet, dass ML-Modelle ständig neu (hinzu-)lernen und sich an neue Eingabedaten anpassen – oder eben nicht. Die dieser Umgebung zugrunde liegende Komplexität – einschließlich der Tatsache, dass ML-Modelle sowohl aus Programmcode als auch aus Daten bestehen – ist der Grund dafür, dass MLOps zu einer neuen und einzigartigen Disziplin heranwächst.

Und was hat es mit DataOps auf sich?

Zusätzlich zur komplexen Gegenüberstellung von MLOps und DevOps müssen wir noch den Begriff DataOps abgrenzen, der im Jahr 2014 von IBM eingeführt wurde. DataOps zielt darauf ab, geschäftsfähige Daten bereitzustellen, die schnell für die Nutzung verfügbar sind, wobei der Datenqualität und der Metadatenverwaltung ein besonderer Stellenwert beigemessen wird. Wenn es beispielsweise eine plötzliche Änderung in den Daten gibt, auf denen ein Modell beruht, würde ein DataOps-System das Businessteam alarmieren, damit es sich sorgfältig mit den neuesten Erkenntnissen befasst, und das Datenteam würde ebenfalls informiert werden, damit es die Änderung untersuchen oder ein Upgrade einer Bibliothek rückgängig machen und die entsprechende Partition neu erstellen kann.

Die Entwicklung von MLOps überschneidet sich daher auf einer gewissen Ebene mit DataOps, obwohl MLOps einen Schritt weitergeht und durch zusätzliche Kernfunktionen (die in Kapitel 3 ausführlicher erläutert werden) eine noch stärkere Robustheit bietet.

Wie bei DevOps und später auch bei DataOps konnten sich Teams bis vor Kurzem ohne vordefinierte und zentralisierte Prozesse behelfen, vor allem weil sie maschinelle Lernmodelle – auf Unternehmensebene – nicht in so großem Maßstab angelegt in die Produktion brachten. Jetzt wendet sich das Blatt, und die Teams suchen zunehmend nach Möglichkeiten, einen mehrstufigen, multidisziplinären und mehrphasigen Prozess mit einer heterogenen Umgebung und einem Rahmen für MLOps-Best-Practices zu formalisieren, was keine kleine Aufgabe darstellt. Teil II des Buchs, *MLOps einsetzen*, wird Ihnen hierzu einen Leitfaden bieten.

MLOps zum Reduzieren von Risiken

MLOps ist wichtig für jedes Team, das auch nur ein Modell im Produktivbetrieb hat, da je nach Modell eine kontinuierliche Leistungsüberwachung und -anpassung erforderlich ist. Indem es einen sicheren und zuverlässigen Betrieb ermöglicht, ist MLOps der Schlüssel zur Eindämmung der Risiken, die durch den Einsatz von ML-Modellen entstehen. Allerdings sind mit dem Einsatz von MLOps auch Kosten verbunden, für jeden Anwendungsfall sollte daher eine angemessene Kosten-Nutzen-Bewertung durchgeführt werden.

Risikobeurteilung

In Bezug auf ML-Modelle gibt es sehr unterschiedliche Risiken. Zum Beispiel sind die Risiken bei der Nutzung eines Empfehlungssystems, das einmal im Monat verwendet wird, um zu entscheiden, welches Marketingangebot an einen Kunden geschickt werden soll, viel geringer als bei einer Reiseplattform, deren Preissetzung und Umsatz von einem ML-Modell abhängen. Daher sollte sich die Analyse bei der Betrachtung von MLOps als Möglichkeit zur Risikominimierung auf folgende Risiken erstrecken:

- Das Risiko, dass das Modell für eine bestimmte Zeitspanne nicht verfügbar ist.
- Das Risiko, dass das Modell für eine bestimmte Beobachtung eine unzutreffende Vorhersage liefert.
- Das Risiko, dass die Genauigkeit oder die Fairness des Modells mit der Zeit abnimmt.
- Das Risiko, dass die zur Wartung des Modells erforderlichen Kompetenzen (d.h. die Fähigkeiten der jeweiligen Data Scientists) nicht mehr zur Verfügung stehen.

Bei Modellen, die weit verbreitet sind und außerhalb des eigenen Unternehmens eingesetzt werden, sind die Risiken in der Regel größer. Wie in Abbildung 1-4 gezeigt, basiert die Risikobeurteilung im Allgemeinen auf zwei Größen: der Eintrittswahrscheinlichkeit und dem Schadensausmaß des unerwünschten Ereignisses. Maßnahmen zur Risikominderung basieren in der Regel auf einer Kombination aus beidem, dem sogenannten Risikograd bzw. -ausmaß des Modells. Die Risikobeurteilung sollte zu Beginn eines jeden Projekts durchgeführt und in regelmäßigen Abständen neu bewertet werden, da Modelle auf eine ursprünglich nicht vorgesehene Weise verwendet werden können.

5 x 5 Risiko-Matrix

Eintrittswahrscheinlichkeit ↑ / Schadensausmaß →	Sehr niedrig	Niedrig	Mittelmäßig	Groß	Sehr groß
Sehr wahrscheinlich	5 Mittel	10 Hoch	15 Hoch	20 Schwerwiegend	25 Schwerwiegend
Wahrscheinlich	4 Mittel	8 Mittel	12 Hoch	16 Hoch	20 Schwerwiegend
Möglich	3 Gering	6 Mittel	9 Mittel	12 Hoch	15 Hoch
Unwahrscheinlich	2 Gering	4 Mittel	6 Mittel	8 Mittel	10 Hoch
Selten	1 Gering	2 Gering	3 Gering	5 Mittel	6 Mittel

Abbildung 1-4: Eine Tabelle, die Entscheidungsträgern bei der quantitativen Risikobeurteilung hilft und auf Eintrittswahrscheinlichkeit und Schadensausmaß des Ereignisses basiert.

Risikominderung

MLOps trägt vor allem dann entscheidend zur Risikominderung bei, wenn ein zentrales Team (mit einer klaren Berichterstattung über seine Aktivitäten – was nicht bedeutet, dass es in einem Unternehmen nicht mehrere solcher Teams geben kann) mehr als eine Handvoll Modelle im operativen Einsatz hat. An diesem Punkt wird es schwierig, den Gesamtüberblick über die Zustände dieser Modelle ohne eine Form der Standardisierung zu behalten, die es ermöglicht, für jedes dieser Modelle die entsprechenden Maßnahmen zur Risikominderung ergreifen zu können (siehe den Abschnitt »Anpassung der Governance an das Risikoniveau« auf Seite 133).

Es ist aus vielen Gründen riskant, ML-Modelle in die Produktivumgebung zu überführen, ohne dass eine entsprechende MLOps-Infrastruktur vorhanden ist, zumal eine vollständige Bewertung der Leistung bzw. der Güte eines ML-Modells oft nur in der Produktivumgebung erfolgen kann. Warum? Weil Prognosemodelle nur so gut sind wie die Daten, auf denen sie trainiert wurden. Das bedeutet, dass die Trainingsdaten ein gutes Abbild der Daten sein müssen, die in der Produktivumgebung anfallen. Wenn sich die Rahmenbedingungen in der Produktion ändern, wird infolgedessen wahrscheinlich relativ schnell auch die Güte des Modells darunter leiden (siehe Kapitel 5 für Einzelheiten).

Ein weiterer sehr bedeutender Risikofaktor ist, dass die Leistung von ML-Modellen oft sehr empfindlich auf die Produktivumgebung reagiert, in der sie ausgeführt werden, einschließlich der verwendeten Softwareversionen und Betriebssysteme. Sie neigen nicht dazu, im Sinne klassischer Softwareanwendungen fehlerhaft zu sein, da die Entscheidungen, die die Anwendung trifft, meistens nicht von Hand programmiert, sondern maschinell generiert wurden. Stattdessen besteht das Problem darin, dass sie oft auf einer Vielzahl von Open-Source-Softwarekomponenten (z. B. Bibliotheken wie scikit-learn, Python oder Linux) beruhen. Deshalb es ist von entscheidender Bedeutung, dass die Versionen dieser Softwarekomponenten in der Produktion mit denen übereinstimmen, auf denen das Modell zuvor auf seine Funktionsfähigkeit überprüft wurde.

Letztendlich ist die Überführung von Modellen in die Produktion nicht der letzte Schritt im ML-Lebenszyklus – ganz im Gegenteil. Es ist oft nur der Beginn der Leistungsüberwachung und der Sicherstellung, dass sich die Modelle wie erwartet verhalten. Je mehr ML-Modelle in die Produktion überführt werden (und je mehr Personen darin eingebunden sind), desto wichtiger wird MLOps, um die potenziellen Risiken zu minimieren, die – wenn etwas schiefgeht – (je nach Modell) verheerend für das Unternehmen sein können. Die Überwachung ist auch wichtig, damit das Unternehmen genau weiß, wie vielfältig jedes Modell genutzt wird.

Responsible AI durch MLOps

Ein verantwortungsvoller Umgang mit Machine-Learning-Systemen (im Allgemeinen als *Responsible AI* bezeichnet) berücksichtigt zwei wesentliche Aspekte:

Zweckmäßigkeit (engl. Intentionality)
: Es muss darauf geachtet werden, dass die Modelle so gestaltet sind und sich so verhalten, wie es ihrem Zweck entspricht. Dazu gehört auch, dass sichergestellt wird, dass die für KI-Projekte verwendeten Daten aus konformen und vorurteilsfreien bzw. unverzerrten (*unbiased*) Quellen stammen, und dass es einen kollaborativen Ansatz bei KI-Projekten gibt, der eine mehrfache Überprüfung möglicher Modellverzerrungen gewährleistet. Zur Zweckmäßigkeit gehört ebenfalls die Erklärbarkeit (engl. *Explainability*), d. h., die Ergebnisse von KI-Systemen sollten für Menschen erklärbar und nachvollziehbar sein (idealerweise nicht nur für die Personen, die das System entwickelt haben).

Verantwortlichkeit (engl. Accountability)
: Der Aspekt der Verantwortlichkeit zielt auf eine zentrale Steuerung, Verwaltung und Prüfung (engl. *Controlling*, *Managing*, *Auditing*) aller unternehmensweiten Aktivitäten im Bereich künstlicher Intelligenz – keine Shadow IT (*https://oreil.ly/2k0G2*)! Bei der Verantwortlichkeit geht es darum, einen Gesamtüberblick darüber zu haben, welche Teams welche Daten wie und in welchen Modellen verwenden. Dazu gehören auch das Wissen, dass die Daten verlässlich sind und vorschriftsmäßig erhoben werden, sowie ein zentraler

Überblick darüber, welche Modelle für welche Geschäftsprozesse verwendet werden. Dies ist eng mit der Rückverfolgbarkeit (engl. *Traceability*) verbunden: Wenn ein Fehler auftritt, lässt sich dann leicht feststellen, wo dies in der Pipeline geschehen ist?

Diese Prinzipien mögen offensichtlich erscheinen, aber es ist wichtig, zu realisieren, dass ML-Modellen die Transparenz von traditionellem imperativem Programmcode fehlt. Mit anderen Worten: Es ist viel schwieriger zu verstehen, welche Features (auch als Merkmale bezeichnet) zur Bestimmung einer Vorhersage verwendet werden, was es wiederum deutlich schwerer machen kann, nachzuweisen, dass die Modelle den zugrunde liegenden regulatorischen oder internen Governance-Anforderungen entsprechen.

Die Realität ist, dass die zunehmende Automatisierung von Entscheidungen durch die Verwendung von ML-Modellen die grundsätzliche Verantwortung von der unteren Ebene der Hierarchie nach oben verlagert. Das heißt, Entscheidungen, die früher vielleicht von einzelnen Mitarbeitern getroffen wurden, die innerhalb eines Rahmens von Richtlinien agierten (z. B. wie hoch der Preis eines bestimmten Produkts sein sollte oder ob einer Person ein Kredit gewährt werden sollte oder nicht), werden nun von einem Modell getroffen. Die verantwortliche Person für die automatisierten Entscheidungen des besagten Modells ist wahrscheinlich ein Datenteammanager oder sogar eine Führungskraft, und das rückt das Konzept der Responsible AI noch stärker in den Vordergrund.

Angesichts der zuvor besprochenen Risiken sowie dieser besonderen Herausforderungen und Prinzipien ist das Zusammenspiel zwischen MLOps und Responsible AI offensichtlich. Um KI verantwortungsvoll einzusetzen, müssen die jeweiligen Teams über gute MLOps-Prinzipien verfügen, was wiederum MLOps-Strategien voraussetzt. Angesichts der Tragweite dieses Themas werden wir im Laufe dieses Buchs mehrfach darauf zurückkommen und beleuchten, wie es jeweils zu jeder Phase des Lebenszyklus eines ML-Modells angegangen werden sollte.

MLOps zur Skalierung von Machine-Learning-Modellen

MLOps ist nicht nur wichtig, um die mit ML-Modellen verbundenen Risiken in der Produktion zu mindern, es ist auch eine wesentliche Komponente, um einen groß angelegten Einsatz von ML-Modellen zu ermöglichen (und um von den entsprechenden Skaleneffekten zu profitieren). Um von einem oder einer Handvoll Modellen in der Produktion auf Dutzende, Hunderte oder Tausende zu gelangen, die einen positiven Einfluss auf das Geschäft haben, ist eine große Disziplin im Hinblick auf MLOps erforderlich.

Gute MLOps-Praktiken helfen den Teams auf jeden Fall dabei:

- die Versionierung im Auge zu behalten, insbesondere bei Experimenten in der Entwicklungsphase.

- zu verstehen, ob neu trainierte Modelle besser sind als die vorherigen Versionen (und Modelle in die Produktion zu überführen, die besser abschneiden).
- sicherzustellen (in vordefinierten Zeiträumen, d.h. täglich, monatlich usw.), dass die Leistung des Modells in der Produktion nicht abnimmt.

Abschließende Überlegungen

Die wichtigsten MLOps-Elemente werden ausführlich in Kapitel 3 besprochen, aber der entscheidende Punkt an dieser Stelle ist, dass diese Vorgehensweisen keineswegs optional sind. Sie sind unerlässlich, um Data Science und Machine Learning auf Unternehmensebene nicht nur effizient zu skalieren, sondern dies auch auf eine Weise zu tun, die das Unternehmen nicht gefährdet. Teams, die versuchen, Data Science ohne angemessene MLOps-Prozesse einzusetzen, werden Probleme mit der Modellqualität und der Modellbeständigkeit haben – oder, schlimmer noch, sie werden Modelle einführen, die einen realen, negativen Einfluss auf das Unternehmen haben (z.B. ein Modell, das voreingenommene Vorhersagen trifft, die ein schlechtes Licht auf das Unternehmen werfen).

Auch auf übergeordneter Unternehmensebene ist MLOps ein wichtiger Bestandteil einer transparenten ML-Strategie. Das höhere Management und die Unternehmensleitung sollten ebenso wie die Data Scientists in der Lage sein, zu verstehen, welche ML-Modelle in der Produktion eingesetzt werden und welche Auswirkungen sie auf das Unternehmen haben. Darüber hinaus sollten sie in der Lage sein, die gesamte Datenpipeline (d.h. die Schritte, die von der Erfassung der Rohdaten bis zur endgültigen Ausgabe durchlaufen werden) hinter diesen maschinellen Lernmodellen zu verstehen. Wie im weiteren Verlauf des Buchs beschrieben, kann MLOps dieses Maß an Transparenz und Verantwortlichkeit herbeiführen.

KAPITEL 2

An MLOps-Prozessen beteiligte Personen

Auch wenn Machine-Learning-(ML-)Modelle in erster Linie von Data Scientists erstellt werden, ist es ein weitverbreitetes Missverständnis, dass nur Data Scientists von robusten MLOps-Prozessen und -Systemen profitieren können. In Wirklichkeit ist MLOps ein wesentlicher Bestandteil der KI-Strategie eines Unternehmens und betrifft jeden, der am Lebenszyklus von ML-Modellen mitwirkt bzw. davon profitiert.

Dieses Kapitel behandelt die Rollen, die den beteiligten Personen im ML-Lebenszyklus jeweils zukommen. Außerdem bespricht es, mit wem sie im Rahmen einer hochwertigen MLOps-Strategie idealerweise verbunden sein und zusammenarbeiten sollten, um die bestmöglichen Ergebnisse aus den Bemühungen im Bereich des Machine Learning zu erzielen, und welche Anforderungen an MLOps sie unter Umständen haben.

Es ist wichtig, anzumerken, dass sich dieses Handlungsfeld permanent weiterentwickelt. Ständig kommen neue Berufsbezeichnungen auf, die hier vielleicht nicht aufgeführt sind, und es ergeben sich fortwährend neue Herausforderungen (oder Überschneidungen) bei den MLOps-Verantwortlichkeiten.

Bevor wir zu den Details vordringen, werfen wir einen Blick auf die folgende Tabelle, die uns einen ersten Überblick verschafft:

Rolle	Rolle im ML-Lebenszyklus	Anforderungen an MLOps
Fachexperten	• Stellen Geschäftsfragen, Ziele oder KPIs bereit, an denen ML-Modelle ausgerichtet werden sollen. • Bewerten und stellen fortlaufend sicher, dass die Leistung des Modells mit dem ursprünglichen Zweck übereinstimmt bzw. diesen erfüllt.	• Einfache Möglichkeit, die Leistung des eingesetzten Modells in geschäftlicher Hinsicht zu beurteilen. • Mechanismus bzw. Feedback-Schleife zur Kenntlichmachung von Modellergebnissen, die nicht mit den Geschäftsanforderungen übereinstimmen.

Rolle	Rolle im ML-Lebenszyklus	Anforderungen an MLOps
Data Scientists	• Erstellen Modelle, die auf die von Fachexperten eingebrachten geschäftlichen Fragen oder Belange eingehen. • Liefern operationalisierbare Modelle, damit diese in der Produktivumgebung und mit Produktionsdaten ordnungsgemäß verwendet werden können. • Bewerten die Qualität der Modelle (sowohl des Ausgangsmodells als auch der Modelle, mit denen getestet wird) in Zusammenarbeit mit Fachexperten, um sicherzustellen, dass sie die ursprünglichen Geschäftsfragen oder -anforderungen beantworten bzw. erfüllen.	• Automatisierte Modellpaketierung und -auslieferung für ein schnelles und einfaches (und dennoch sicheres) Deployment in der Produktion. • Möglichkeit, Tests zu entwickeln, um die Qualität der eingesetzten Modelle zu bestimmen und kontinuierliche Verbesserungen vorzunehmen. • Übersicht über die Leistung aller eingesetzten Modelle (einschließlich des Parallelbetriebs von Tests) von einer zentralen Stelle aus. • Möglichkeit, die Datenpipelines der einzelnen Modelle zu untersuchen, um schnelle Bewertungen und Anpassungen vorzunehmen, unabhängig davon, wer das Modell ursprünglich erstellt hat.
Data Engineers	• Optimieren den Zugang und die Nutzung von Daten, mit denen ML-Modelle betrieben werden.	• Transparenz hinsichtlich der Leistung aller eingesetzten Modelle. • Möglichkeit, alle Details der einzelnen Datenpipelines zu überblicken, um zugrunde liegende Probleme bei der Datenversorgung zu beheben.
Software Engineers	• Integrieren ML-Modelle in die Anwendungen und Systeme des Unternehmens. • Stellen sicher, dass ML-Modelle nahtlos mit anderen, nicht auf Machine Learning basierenden Anwendungen zusammenarbeiten.	• Versionierung und automatische Tests. • Möglichkeit, gleichzeitig an derselben Anwendung zu arbeiten.
DevOps	• Bauen einsatzfähige Systeme auf und testen diese auf Sicherheit, Leistung und Verfügbarkeit. • Verwalten Continuous-Integration/Continuous-Delivery-(CI/CD-)Pipelines.	• Nahtlose Integration von MLOps in die übergeordnete DevOps-Strategie des Unternehmens. • Lückenlose Deployment-Pipeline.
Modellrisikomanager/Auditoren	• Minimieren das Gesamtrisiko für das Unternehmen infolge des Einsatzes von ML-Modellen in der Produktion. • Stellen sicher, dass die internen und externen Anforderungen eingehalten werden, bevor ML-Modelle in die Produktion überführt werden.	• Zuverlässige, möglichst automatisierte Reporting-Tools für alle Modelle (aktuell oder jemals in Produktion), einschließlich der Datenhistorie.
Machine Learning Architects	• Gewährleisten eine skalierbare und flexible Umgebung für ML-Modellpipelines vom Design über die Entwicklung bis hin zur Überwachung. • Führen gegebenenfalls neue Technologien ein, die die Leistung von ML-Modellen in der Produktion verbessern.	• Allgemeiner Überblick über Modelle und ihre benötigten Ressourcen • Möglichkeit, Datenpipelines zu durchleuchten, um die Infrastruktur zu bewerten und anzupassen.

Fachexperten

Als erstes Profil im Rahmen der Aktivitäten von MLOps sind die Fachexperten (engl. *Subject Matter Experts*, SMEs) zu berücksichtigen; schließlich beginnt und endet der ML-Lebenszyklus mit ihnen. Wenngleich die datenorientierten Rollen (Data Scientists, Engineers, Architects usw.) über Fachwissen in vielen Bereichen verfügen, fehlt ihnen in der Regel ein tieferes Verständnis für das Geschäftsmodell und die Probleme oder Fragen, die mit ML-Modellen gelöst werden sollen.

Fachexperten müssen bzw. sollten zumindest in der Regel in den MLOps-Prozess *eingebunden werden* – um ihre klar definierten Ziele, Geschäftsfragen und/oder wichtigen Leistungskennzahlen (KPIs), die sie erreichen oder adressieren möchten, ausreichend berücksichtigen zu können. In einigen Fällen können diese sehr konkret definiert sein (z.B. »Um unsere Zahlen für das Quartal zu erreichen, müssen wir die Kundenabwanderung um 10 % reduzieren« oder »Wir verlieren X € pro Quartal aufgrund ungeplanter Wartungsarbeiten; wie können wir Ausfallzeiten besser vorhersagen?«). In anderen Fällen sind die Ziele und Fragen vielleicht weniger klar definiert (z.B. »Unsere Servicemitarbeiter müssen unsere Kunden besser verstehen, um ihnen im nächsten Schritt ein höherwertiges Produkt (Upselling) anbieten zu können« oder »Wie können wir die Menschen dazu bringen, mehr Produkte bzw. Anwendungen zu kaufen?«).

In Unternehmen mit funktionierenden Prozessen ist es nicht immer zwingend notwendig oder gar ideal, den Lebenszyklus von ML-Modellen mit einer fest vordefinierten Geschäftsfrage zu beginnen. Die Arbeit mit einem weniger klar definierten Geschäftsziel kann eine gute Gelegenheit für Fachexperten sein, im Vorfeld direkt mit den Data Scientists zusammenzuarbeiten, um das Problem besser zu umreißen und mögliche Lösungen zu erarbeiten, bevor überhaupt mit der Datenexploration oder den Modellexperimenten begonnen wird.

Ohne diese anfängliche Einbindung von Fachexperten wird riskiert, dass andere Datenexperten (insbesondere Data Scientists) den Lebenszyklus von ML-Modellen so angehen, dass sie Probleme lösen bzw. Lösungen anbieten, die nicht dem gesamten Unternehmen dienen. Letztendlich ist dies nicht nur für die Fachexperten nachteilig, die mit Data Scientists und anderen Datenexperten zusammenarbeiten müssen, um Lösungen zu entwickeln, sondern auch für die Data Scientists selbst, die möglicherweise Schwierigkeiten haben, einen Mehrwert zu stiften.

Wenn Fachexperten nicht in den ML-Lebenszyklus involviert sind, können Datenteams infolgedessen ohne konkrete Geschäftsergebnisse dastehen und dadurch Schwierigkeiten haben, die nötige Aufmerksamkeit und zusätzliches Budget oder Unterstützung zu erlangen, um fortgeschrittenere Analyseinitiativen fortzusetzen. Letztendlich ist dies schlecht für die Datenteams, für die Fachexperten und für das Unternehmen als Ganzes.

Um die Einbeziehung von Fachexperten besser zu strukturieren, können Methoden zur Modellierung von Geschäftsentscheidungen genutzt werden, um die zu lösenden Geschäftsprobleme zu formalisieren und die Rolle von Machine Learning im Hinblick auf die Lösung zu klären.

Modellieren von Geschäftsentscheidungen

Das Modellieren von Geschäftsentscheidungen liefert eine Blaupause für Entscheidungsprozesse, sodass Fachexperten ihre Belange direkt strukturieren und beschreiben können. Entscheidungsmodelle können hilfreich sein, weil sie ML-Modelle für Fachexperten in einen Kontext stellen. Dies ermöglicht, die Modelle in die Unternehmensrichtlinien einzubinden, und hilft den Fachexperten, den Kontext ihrer Entscheidung und die möglichen Auswirkungen von Modelländerungen vollständig zu verstehen.

Binden die Fachexperten die geschäftliche Entscheidungsmodellierung in die MLOps-Strategien ein, können sie auf effektive Weise sicherstellen, dass die Ergebnisse von ML-Modellen von denjenigen, die kein fundiertes Wissen darüber haben, wie die zugrunde liegenden Modelle selbst funktionieren, richtig eingeordnet werden.[1]

Fachexperten spielen nicht nur zu Beginn des Lebenszyklus eines ML-Modells eine Rolle, sondern auch am Ende (Postproduktion). Um zu verstehen, ob ein ML-Modell gut bzw. wie erwartet funktioniert, benötigen Data Scientists oft die Einschätzung der Fachexperten, um die Feedback-Schleife zu schließen, da herkömmliche Kenngrößen (z.B. Güte- bzw. Qualitätsmaße wie die Korrektklassifikationsrate, Relevanz und Recall bzw. Sensitivität) nicht ausreichen.

Die Datenwissenschaftler könnten zum Beispiel ein einfaches Modell zur Vorhersage von Kundenabwanderungen (*Churn Prediction*) erstellen, das in der Produktivumgebung eine sehr hohe Genauigkeit aufweist. Doch die Marketingmaßnahmen vermögen es dennoch nicht, die Abwanderung von Kunden zu verhindern. Aus geschäftlicher Sicht bedeutet dies, dass das Modell nicht funktioniert hat, und das ist eine wichtige Information, die an die Entwickler des ML-Modells zurückgegeben werden muss. Somit können diese eine andere mögliche Lösung finden, etwa die Einführung einer Uplift-Modellierung, die dem Marketing hilft, die potenziellen Kunden, die abwandern möchten, aber für Werbemaßnahmen empfänglich sein könnten, besser anzusprechen.

Angesichts der Rolle von Fachexperten im Lebenszyklus von ML-Modellen ist es beim Aufbau von MLOps-Prozessen entscheidend, dass eine einfache Möglichkeit für sie besteht, die erbrachte Modellleistung in geschäftlicher Hinsicht zu verste-

1 Modelle zur Entscheidungsfindung basieren auf einem Framework namens »Decision Model and Notation« (*https://oreil.ly/6k5OT*). Sie helfen dabei, Prozesse zu verbessern, Unternehmensprojekte durch feste Richtlinien effektiv zu verwalten, Predictive-Analytics-Projekte zu gestalten und handlungsorientierte Entscheidungsunterstützungssysteme wie z.B. Dashboards zu nutzen.

hen. Das heißt, sie müssen nicht nur die genannten Qualitätsmaße interpretieren können, sondern auch die Ergebnisse oder Auswirkungen des Modells auf den im Vorfeld identifizierten Geschäftsprozess. Darüber hinaus benötigen die Fachexperten bei unerwarteten Leistungsveränderungen eine skalierbare Möglichkeit, mittels MLOps-Prozessen Modellergebnisse zu erfassen, die nicht mit den Geschäftserwartungen übereinstimmen.

Zusätzlich zu diesen bewussten Feedback-Mechanismen sollte die MLOps-Strategie generell so aufgebaut sein, dass die Transparenz für Fachexperten erhöht wird. Das heißt, sie sollten in der Lage sein, MLOps-Prozesse als Ausgangspunkt für die Exploration der Datenpipelines hinter den Modellen zu nutzen, um zu verstehen, welche Daten verwendet werden, wie sie transformiert und angereichert werden und welche Art von ML-Methoden angewendet werden.

Für Fachexperten, die sich auch um die Compliance von ML-Modellen hinsichtlich interner oder externer Vorschriften kümmern, dient MLOps als zusätzliche Möglichkeit, die Transparenz und das Verständnis für derartige Prozesse zu erhöhen. Dazu gehört auch die Möglichkeit, gezielt einzelne Entscheidungen eines Modells einzusehen, um verstehen zu können, warum das Modell zu dieser Entscheidung gelangt ist. Dies sollte die statistische Bewertung und das an verschiedensten Stellen eingeholte Feedback zusätzlich ergänzen.

Letztlich ist MLOps für Fachexperten vor allem wichtig, um ein Feedback zu ermöglichen und ein Rahmenwerk zu haben, das eine gute Kommunikation mit den Data Scientists gewährleistet, die die Modelle entwickelt haben. Allerdings gibt es auch andere Anforderungen an MLOps – insbesondere in Bezug auf die Transparenz, die mit Responsible AI zusammenhängt –, die für Fachexperten relevant sind und sie zu einem wichtigen Teil des Gesamtkonzepts von MLOps machen.

Data Scientists

Die Bedürfnisse der Data Scientists sind die wichtigsten, die beim Aufbau einer MLOps-Strategie berücksichtigt werden müssen. In den meisten Unternehmen haben Data Scientists heute oft mit voneinander separierten Daten, Prozessen und Tools zu tun, was es für sie schwierig macht, ihre Arbeit auf effektive Weise zu skalieren. MLOps ist hervorragend dafür geeignet, dieser Problematik entgegenzutreten.

Obwohl die meisten die Rolle der Data Scientists im Lebenszyklus von ML-Modellen nur als den Teil der eigentlichen Modellerstellung interpretieren, ist sie viel umfassender – bzw. sollte es zumindest sein. Data Scientists müssen von Beginn an mit den Fachexperten zusammenarbeiten und dabei helfen, die Geschäftsprobleme so zu verstehen und zu formulieren, dass sie eine praktikable Lösung auf Basis von Machine Learning erstellen können.

In der Realität zeigt sich, dass dieser allererste, entscheidende Schritt im Lebenszyklus von ML-Modellen oft der schwierigste ist. Vor allem für Data Scientists ist er eine Herausforderung, weil ihre Ausbildung nicht darauf ausgerichtet ist. Sowohl formelle als auch informelle Data-Science-Programme an Universitäten und im Internet betonen die technischen Fähigkeiten und nicht unbedingt die Fähigkeiten zur effektiven Kommunikation mit Fachexperten aus dem Unternehmen, die wiederum in der Regel nicht sehr vertraut mit den Machine-Learning-Methoden sind. Auch hier können wieder Methoden zur geschäftlichen Entscheidungsmodellierung helfen.

Gleichzeitig stellt die Kommunikation mit den Fachexperten eine Herausforderung dar, weil sie schlicht Zeit kostet. Für Data Scientists, die sofort loslegen und sich die Hände schmutzig machen wollen, kann es eine Qual sein, wochenlang ein Problem zu formulieren und zu skizzieren, bevor sie mit der Lösung beginnen. Hinzu kommt, dass Datenwissenschaftler oft (räumlich, kulturell oder beides) vom Kern des Unternehmens und von den Fachexperten getrennt sind, sodass sie einfach nicht in den organisatorischen Rahmen eingebunden sind, der eine einfache Zusammenarbeit zwischen diesen Bereichen ermöglicht. Robuste MLOps-Systeme können dabei helfen, diese Herausforderungen zu bewältigen.

Sobald die erste Hürde überwunden ist, kann das Projekt je nach Unternehmen entweder an Data Engineers oder an Analysten übergeben werden, die einen Teil der anfänglichen Datenerfassung, -aufbereitung und -exploration übernehmen. In einigen Fällen verwalten die Data Scientists diese Teile des Lebenszyklus des ML-Modells selbst. Aber in jedem Fall kommen sie wieder ins Spiel, wenn es an der Zeit ist, das Modell zu entwickeln, zu testen, zu optimieren und anschließend in Betrieb zu bringen.

Nach dem Deployment gehört es zu den Aufgaben der Data Scientists, die Qualität des Modells ständig zu überprüfen, um sicherzustellen, dass die Funktionsweise in der Produktivumgebung den ursprünglich ins Auge gefassten Geschäftszielen bzw. -anforderungen entspricht. Die zugrunde liegende Frage in vielen Unternehmen ist häufig, ob Data Scientists nur die Modelle überwachen, an deren Entwicklung sie zuvor beteiligt waren, oder ob eine andere Person das gesamte Monitoring übernehmen sollte. Was würde im ersten Szenario passieren, wenn es zu einem Personalwechsel kommt? Im zweiten Szenario ist der Aufbau guter MLOps-Praktiken entscheidend, da die Person, die das Modell überwacht, auch in der Lage sein muss, schnell zu intervenieren und Maßnahmen zu ergreifen, wenn sich die Qualität des Modells verschlechtert und sich negativ auf den Geschäftsbetrieb auszuwirken beginnt. Sofern sie nicht diejenigen waren, die es aufgebaut haben, wie kann dann MLOps dafür sorgen, dass dieser Prozess reibungslos verläuft?

Operationalisierung und MLOps

Während des gesamten Jahres 2018 und zu Beginn des Jahres 2019 war Operationalisierung das wichtigste Schlagwort, wenn es um den Lebenszyklus von ML-Modellen und KI im Unternehmen ging. Einfach ausgedrückt, ist die Operationalisierung von Data Science der Prozess, in dem Modelle in die Produktion überführt und ihre Leistung im Hinblick auf die Geschäftsziele gemessen wird. Wie fügt sich also die Operationalisierung in den Kontext von MLOps ein? MLOps geht bei der Operationalisierung noch einen Schritt weiter und übernimmt nicht nur die Überführung in die Produktion, sondern auch die Wartung dieser Modelle – und der gesamten Datenpipeline – in der Produktion.

Obwohl die Konzepte unterschiedlich sind, könnte man MLOps als die neue Form der Operationalisierung betrachten. Das heißt, dass in den Unternehmen, in denen viele der großen Hürden zur Operationalisierung beseitigt wurden, MLOps nun die nächste große Hürde darstellt, da sie die Unternehmen im Bereich der betrieblichen Nutzung von ML-Modellen vor Herausforderungen stellt.

Alle Fragen des vorherigen Abschnitts münden direkt in der Frage, welche Bedürfnisse Data Scientists letztlich in Bezug auf MLOps haben. Ausgehend vom Ende des Prozesses und rückwärts denkend, muss MLOps den Data Scientists einen umfassenden Überblick bieten über die Leistung aller eingesetzten Modelle sowie über alle Modelle, die im Rahmen von A/B-Tests getestet werden. Dabei ist jedoch nicht nur wichtig, die Modelle zu überwachen, sondern auch Maßnahmen zu ergreifen. Erstklassige MLOps-Strategien sollten Data Scientists die Flexibilität bieten, die besten Modelle unter den getesteten auszuwählen und sie einfach zu implementieren.

Transparenz zu schaffen, ist ein ebenso zentrales Thema bei MLOps. Daher ist es nicht verwunderlich, dass es auch Data Scientists wesentlich tangiert. Die Fähigkeit, Datenpipelines zu durchleuchten und auf diese Weise zügig Beurteilungen und Anpassungen vorzunehmen (unabhängig davon, wer das Modell ursprünglich erstellt hat), ist entscheidend. Eine automatisierte Modellpaketierung und -auslieferung für ein schnelles und einfaches (und dennoch sicheres) Deployment in der Produktion ist ein weiterer wichtiger Punkt, der die Transparenz erhöht, und ein entscheidender Bestandteil von MLOps, vor allem um für Data Scientists, Softwareentwickler und DevOps-Teams eine Vertrauensbasis zu schaffen.

Neben einer transparenten Gestaltung kommt auch der Effizienz eine tragende Rolle bei der erfolgreichen Umsetzung von MLOps-Aktivitäten zu – insbesondere wenn es um die Belange von Datenwissenschaftlern geht. In der Unternehmenswelt zählen Agilität und Geschwindigkeit. Das gilt für DevOps – und für MLOps verhält es sich nicht anders. Natürlich können Data Scientists Modelle ad hoc bereitstellen, testen und überwachen, aber sie werden enorm viel Zeit damit verbringen, das Rad mit jedem einzelnen ML-Modell neu zu erfinden – und das wird niemals zu skalierbaren ML-Prozessen im Unternehmen führen.

Data Engineers

Datenpipelines sind das Kernstück des Lebenszyklus von ML-Modellen, und Data Engineers sind wiederum die zentralen Akteure, wenn es um Datenpipelines geht. Da Datenpipelines häufig abstrakt und komplex sind, können Data Engineers aus MLOps einen großen Nutzen ziehen.

In großen Unternehmen ist die Verwaltung des Datenflusses jenseits der Anwendung von ML-Modellen ein Vollzeitjob. Abhängig vom technischen Stack und der Organisationsstruktur des Unternehmens können sich Data Engineers daher mehr auf die Datenbanken selbst als auf Pipelines konzentrieren (vor allem wenn das Unternehmen Data-Science- und Machine-Learning-Plattformen einsetzt, die die grafische Erstellung von Pipelines durch andere Datenexperten wie Businessanalysten erleichtern).

Trotz dieser je nach Unternehmen leicht unterschiedlichen Aufgabengebiete besteht die Rolle der Data Engineers im Lebenszyklus letztlich darin, die Abfrage und die Nutzung von Daten zu optimieren, um schließlich ML-Modelle betreiben zu können. Im Allgemeinen bedeutet dies, dass sie eng mit den Businessteams, insbesondere den Fachexperten, zusammenarbeiten, um die richtigen Daten für das jeweilige Projekt zu identifizieren und sie möglicherweise auch für die Nutzung vorzubereiten. Auf der anderen Seite arbeiten sie eng mit Data Scientists zusammen, um etwaige Probleme im Zusammenhang mit dem Datenflussmanagement zu beheben, die dazu führen könnten, dass sich ein Modell in der Produktion unerwünscht verhält.

Da Data Engineers eine zentrale Rolle im Lebenszyklus von ML-Modellen spielen und sowohl die Entwicklung als auch die Überwachung unterstützen, kann MLOps zu erheblichen Effizienzsteigerungen beitragen. Data Engineers benötigen nicht nur einen Einblick in die Leistung aller Modelle, die in der Produktion zum Einsatz kommen, sondern auch die Möglichkeit, einen Schritt weiterzugehen und direkt in einzelne Datenpipelines Einblick zu nehmen, um die zugrunde liegenden Probleme zu beheben.

Damit Data Engineers ihre Rolle möglichst effizient ausfüllen können (und auch andere, einschließlich der Data Scientists), darf MLOps nicht nur auf eine einfache Überwachung abzielen, sondern muss eine Brücke zu den zugrunde liegenden Systemen schlagen, um ML-Modelle überprüfen und optimieren zu können.

Software Engineers

Es wäre ein Leichtes, die klassischen Software Engineers aus den MLOps-Überlegungen auszuschließen. Doch es ist aus einer weiter gefassten organisatorischen Perspektive entscheidend, auch ihre Belange zu berücksichtigen, um eine kohärente unternehmensweite Machine-Learning-Strategie aufzubauen.

Software Engineers bauen in der Regel keine ML-Modelle. Andererseits erstellen die meisten Unternehmen nicht nur ML-Modelle, sondern auch klassische Softwareanwendungen. Es ist wichtig, dass Software Engineers und Data Scientists zusammenarbeiten, um zu gewährleisten, dass das Gesamtsystem funktioniert. Schließlich sind ML-Modelle nicht von den unternehmensweiten Prozessen isoliert; der Programmcode für das ML-Modell, das Training, die Tests und das Deployment müssen allesamt in die CI/CD-Pipelines (*Continuous Integration/Continuous Delivery*), die auch von anderen Softwareanwendungen genutzt werden, integriert werden.

Betrachten wir zum Beispiel ein Einzelhandelsunternehmen, das ein ML-basiertes Empfehlungssystem für seine Webseite entwickelt hat. Das ML-Modell wurde von einem Data Scientist erstellt, aber um es in die Webseite, die noch weitere Funktionen bereithält, einzubetten, müssen zwangsläufig Software Engineers involviert werden. Ebenso sind die Software Engineers für die Wartung der gesamten Webseite verantwortlich, was auch die korrekte Funktionsweise der ML-Modelle in der Produktivumgebung einschließt.

Aufgrund dieses Zusammenspiels sind Software Engineers ebenfalls auf MLOps angewiesen, damit ihnen Details zur Modellleistung als Teil eines größeren Bilds der Softwareanwendungsleistung für das Unternehmen zur Verfügung stehen. MLOps bietet Data Scientists und Software Engineers die Möglichkeit, dieselbe Sprache zu sprechen und dasselbe Grundverständnis davon zu haben, wie verschiedene Modelle, die in den unterschiedlichen Unternehmensbereichen eingesetzt werden, in der Produktion zusammenarbeiten.

Wichtige Funktionen für die Software Engineers sind darüber hinaus die Versionierung (um sicher zu sein, mit welchem Modell sie gerade arbeiten), die Durchführung automatischer Tests (um so sicher wie möglich zu sein, dass das Modell, mit dem sie gerade arbeiten, funktioniert) und die Möglichkeit, parallel an derselben Anwendung zu arbeiten (dank eines Systems wie Git, das Branches und Merges erlaubt).

DevOps

MLOps wurde auf der Grundlage von DevOps-Prinzipien entwickelt, aber das bedeutet nicht, dass sie parallel als völlig getrennte und voneinander isolierte Systeme betrieben werden können.

DevOps-Teams haben zwei primäre Rollen im Lebenszyklus von ML-Modellen. Zum einen sind sie für die Durchführung und den Aufbau von operativen Systemen sowie für Tests zuständig, um Sicherheit, Leistung und Verfügbarkeit von ML-Modellen sicherzustellen. Zum anderen sind sie für das CI/CD-Pipeline-Management verantwortlich. Beide Rollen erfordern eine enge Zusammenarbeit mit Data Scientists, Data Engineers und Data Architects. Eine solche enge Zusammenarbeit ist natürlich leichter gesagt als getan, aber genau hier kann MLOps einen Mehrwert bieten.

Für DevOps-Teams muss MLOps in die breitere DevOps-Strategie des Unternehmens integriert werden und die Lücke zwischen traditionellem CI/CD und modernem Machine Learning schließen. Das erfordert Systeme, die sich grundsätzlich ergänzen und die es DevOps-Teams ermöglichen, die Tests für ML-Modelle genauso zu automatisieren wie die Tests für traditionelle Software.

Modellrisikomanager/Auditor

In bestimmten Branchen (insbesondere im Finanzdienstleistungssektor) ist die Funktion des Modellrisikomanagements (MRM) entscheidend für die Einhaltung von Vorschriften. Doch nicht nur Unternehmen stark regulierter Branchen können davon profitieren und sollten eine ähnliche Rolle installieren. MRM kann Unternehmen aus verschiedensten Branchen vor verheerenden Verlusten schützen, die durch schlecht funktionierende ML-Modelle entstehen. Außerdem spielen in vielen Branchen meist relativ arbeitsintensive Audits eine Rolle, wodurch MLOps auch hier zum Tragen kommen kann.

Wenn es um den Lebenszyklus von ML-Modellen geht, übernehmen Modellrisikomanager eine entscheidende Rolle, da sie nicht nur die Modellergebnisse analysieren, sondern auch die ursprüngliche Zielsetzung und die Geschäftsfragen, die die ML-Modelle zu lösen versuchen, um das Gesamtrisiko für das Unternehmen zu minimieren. Sie sollten zusammen mit Fachexperten gleich zu Beginn des Lebenszyklus einbezogen werden, um sicherzustellen, dass ein automatisierter, ML-basierter Ansatz an sich kein Risiko darstellt.

Und natürlich müssen sie eine Rolle beim Monitoring spielen – ihre traditionelle Rolle im Modelllebenszyklus –, um sicherzustellen, dass die Risiken in Schach gehalten werden, sobald die Modelle im Produktivbetrieb sind. Das MRM setzt auch zwischen den Phasen der Konzeption und des Monitorings an, denn nach der Modellentwicklung bzw. vor der Inbetriebnahme in der Produktion ist es ebenfalls unverzichtbar, um die Konformität mit internen und externen Anforderungen sicherzustellen.

MRM-Fachleute und -Teams profitieren in hohem Maße von MLOps, denn ihre Arbeit ist oft mühsame Handarbeit. Da das für das MRM zuständige Team und die Teams, mit denen sie arbeiten, häufig unterschiedliche Tools verwenden, kann eine Standardisierung einen enormen Geschwindigkeitsvorteil bei der Prüfung und dem Management von Risiken bieten.

Wenn es um spezifische Belange in Bezug auf MLOps geht, ist ein zuverlässiges Reporting-Tool für alle Modelle (unabhängig davon, ob sie derzeit in Produktion sind oder in der Vergangenheit in Produktion waren) am wichtigsten. Das Reporting sollte nicht nur Informationen zur Leistungsfähigkeit vorsehen, sondern auch die Möglichkeit, die Datenhistorie einzusehen. Ein automatisiertes Reporting erhöht die Effizienz von MRM- und Audit-Teams in MLOps-Systemen und -Prozessen zusätzlich.

Machine Learning Architects

Traditionelle Data Architects sind dafür verantwortlich, die gesamte Unternehmensarchitektur zu verstehen und sicherzustellen, dass diese die Anforderungen an den Datenbedarf des gesamten Unternehmens erfüllt. Im Allgemeinen beschäftigen sie sich damit, wie Daten gespeichert und verwendet werden sollen.

Heutzutage sind die Anforderungen an die Architects viel größer, und sie müssen oft nicht nur über die Besonderheiten der Datenspeicherung und -nutzung Bescheid wissen, sondern auch darüber, wie ML-Modelle wechselseitig funktionieren. Das macht die Rolle komplexer und erhöht ihre Verantwortung im MLOps-Lebenszyklus. Deshalb nennen wir sie in diesem Abschnitt *Machine Learning Architects* anstelle des eher traditionellen Titels *Data Architect*.

Machine Learning Architects spielen eine entscheidende Rolle im ML-Modell-Lebenszyklus, indem sie eine skalierbare und flexible Umgebung für Modellpipelines sicherstellen. Darüber hinaus benötigen die Datenteams ihr Fachwissen, um neue Technologien einzuführen (wenn es angebracht ist), die die Leistung von ML-Modellen in der Produktion verbessern. Aus diesem Grund reicht der Titel »Data Architect« nicht aus – diese Architects müssen nicht nur ein tiefgreifendes Verständnis von der Unternehmensarchitektur, sondern auch von Machine Learning haben, um diese Schlüsselrolle im ML-Modelllebenszyklus auszufüllen.

Diese Rolle erfordert eine Zusammenarbeit im gesamten Unternehmen – von den Data Scientists und Engineers bis hin zu den DevOps- und Software-Engineering-Teams. Wenn Machine Learning Architects die Belange all dieser Personen und Teams nicht vollständig verstehen, können sie die Ressourcen nicht richtig zuordnen, um eine optimale Leistung von ML-Modellen in der Produktion sicherzustellen.

Im Hinblick auf MLOps geht es bei der Rolle der Machine Learning Architects darum, einen zentralen Überblick über die Ressourcenzuweisung zu haben. Da sie eine strategische bzw. taktische Rolle einnehmen, benötigen sie einen Gesamtüberblick über die Gegebenheiten, um Engpässe auszumachen und diese Informationen zu nutzen, um langfristige Verbesserungen voranzutreiben. Ihre Rolle besteht darin, mögliche neue Technologien oder Infrastrukturen im Rahmen von Investitionsentscheidungen ausfindig zu machen, und nicht unbedingt darin, operative Schnelllösungen, die nicht direkt die Skalierbarkeit des Systems betreffen, herbeizuführen.

Abschließende Überlegungen

MLOps richtet sich nicht nur an Data Scientists. Eine Vielzahl von Experten aus dem gesamten Unternehmen spielt nicht nur im Lebenszyklus von ML-Modellen eine Rolle, sondern auch im Rahmen der MLOps-Strategie. Tatsächlich spielt jede Person – vom Fachexperten auf der Geschäftsseite bis hin zum technisch versierten Machine Learning Architect – eine entscheidende Rolle bei der Wartung von ML-Modellen in der Produktion. Dies ist letztendlich nicht nur wichtig, um die bestmöglichen Ergebnisse von ML-Modellen zu gewährleisten (gute Ergebnisse führen im Allgemeinen zu mehr Vertrauen in ML-basierte Systeme sowie zu einem höheren Budget für die Entwicklung weiterer Modelle), sondern auch – und das ist vielleicht noch wichtiger – um das Unternehmen vor den in Kapitel 1 dargelegten Risiken zu schützen.

KAPITEL 3

Die Kernkomponenten von MLOps

Mark Treveil

MLOps betrifft viele verschiedene Rollen im gesamten Unternehmen und damit auch zahlreiche Phasen des Lebenszyklus von ML-Modellen. In diesem Kapitel werden die fünf Kernkomponenten von MLOps (Entwicklung, Deployment, Monitoring, Iteration und Governance) auf einer übergeordneten Ebene als Grundlage für die Kapitel 4 bis 8, die sich mit den eher technischen Details und Anforderungen dieser Komponenten beschäftigen, vorgestellt.

Eine Einführung in Machine Learning

Um die wichtigsten Elemente von MLOps zu verstehen, ist es zunächst wichtig, die Funktionsweise von Machine Learning zu durchdringen und mit den Besonderheiten vertraut zu sein. Auch wenn ihre Rolle als Teil von MLOps oft übersehen wird, kann die Auswahl von Algorithmen (bzw. die Art und Weise, wie Modelle für Machine Learning aufgebaut werden) letztlich einen direkten Einfluss auf die MLOps-Prozesse haben.

Im Kern ist Machine Learning die Wissenschaft von Computeralgorithmen, die automatisch aus den Erfahrungen lernen und sich verbessern, anstatt explizit programmiert zu werden. Die Algorithmen analysieren Beispieldaten, die sogenannten Trainingsdaten. Mithilfe der Algorithmen lassen sich Modelle trainieren, die im Rahmen von Softwareanwendungen dazu eingesetzt werden können, (möglichst akkurate) Vorhersagen zu treffen.

Ein Bilderkennungsmodell könnte zum Beispiel in der Lage sein, den Typ eines Stromzählers anhand eines Fotos zu identifizieren, indem es nach bestimmten Mustern im Bild sucht, die die einzelnen Zählertypen unterscheiden. Ein anderes Beispiel ist ein Versicherungsempfehlungsmodell, das auf der Grundlage des früheren Verhaltens ähnlicher Kunden zusätzliche Versicherungsprodukte vorschlagen könnte, die ein bestimmter Kunde mit hoher Wahrscheinlichkeit kaufen wird.

Wenn es mit zuvor unbekannten Daten konfrontiert wird, etwa mit einem Foto oder einem neuen Kunden, verwendet das ML-Modell die Informationen, die es aus vorangegangenen Daten gelernt hat, um die bestmögliche Vorhersage zu treffen – basierend auf der Annahme, dass die unbekannten Daten irgendwie mit den vorangegangenen Daten in Verbindung stehen.

ML-Algorithmen verwenden eine breite Palette mathematischer Methoden, und die Modelle können sehr unterschiedlich sein, von einfachen Entscheidungsbäumen über die logistische Regression bis hin zu wesentlich komplexeren Deep-Learning-Modellen (siehe den Abschnitt »Was genau sind Machine-Learning-Modelle?« auf Seite 58 für Einzelheiten).

Modellentwicklung

Werfen wir einen genaueren Blick auf die Entwicklung von ML-Modellen als Ganzes, um ein besseres Verständnis für die einzelnen Faktoren zu erlangen, die alle einen Einfluss auf die MLOps-Strategie nach dem Deployment haben können.

Festlegen von Geschäftszielen

Der Prozess der Entwicklung eines ML-Modells beginnt typischerweise mit einem Geschäftsziel, das so einfach sein kann wie z.B. das Ziel, betrügerische Transaktionen auf < 0,1 % zu verringern, oder die Möglichkeit, die Gesichter von Menschen auf ihren Social-Media-Fotos zu identifizieren. Zu den Geschäftszielen gehören natürlich auch Leistungsvorgaben, Anforderungen an die technische Infrastruktur und Kostenbeschränkungen. Alle diese Faktoren können als Leistungskennzahlen (*Key Performance Indicators*, KPIs) erfasst werden, die letztendlich die Überwachung der geschäftlichen Performance von Modellen in der Produktion ermöglichen.

ML-Projekte werden nicht in einem geschlossenen System realisiert. Sie sind in der Regel Teil eines größeren Projekts, das wiederum Auswirkungen auf Technologien, Prozesse und Menschen hat. Das bedeutet, dass ein Teil der Zielsetzung auch das Änderungsmanagement umfasst, das vielleicht sogar eine gewisse Orientierungshilfe dafür bietet, wie das ML-Modell aufgebaut sein sollte. Zum Beispiel wird der erforderliche Grad an Transparenz die Wahl der Algorithmen stark beeinflussen, was zur Folge haben kann, dass neben den Vorhersagen auch Erklärungen bereitgestellt werden müssen, damit die Vorhersagen in gewinnbringende Entscheidungen auf Unternehmensebene umgesetzt werden.

Datenquellen und explorative Datenanalyse

Sobald klare geschäftliche Ziele definiert sind, ist es an der Zeit, die Fachexperten und Data Scientists zusammenzubringen, um mit der Entwicklung des ML-Modells zu beginnen. Dies beginnt mit der Suche nach geeigneten Eingabedaten. Das klingt zunächst einfach, doch in der Praxis kann dies der beschwerlichste Teil der Reise sein.

Zu den Schlüsselfragen bei der Suche nach Daten zur Entwicklung von ML-Modellen gehören:

- Welche relevanten Datensätze sind verfügbar?
- Sind diese Daten ausreichend akkurat und zuverlässig?
- Wie können die Beteiligten (d.h. die Stakeholder) Zugriff auf diese Daten erhalten?
- Welche *Features* (auch bekannt als Merkmale) können durch die Kombination mehrerer Datenquellen erschlossen werden?
- Sollen die Daten in Echtzeit verfügbar sein?
- Ist es notwendig, einige der Beobachtungen jeweils mit ihrem tatsächlichen Wert (*Ground Truth*) zu labeln, der vorhergesagt werden soll, oder ist es sinnvoll, auf Unsupervised Learning, bei dem keine Labels benötigt werden, zurückzugreifen? Falls ja, wie viel Zeit und Ressourcen wird dies kosten?
- Welche Plattform soll verwendet werden?
- Wie werden die Daten aktualisiert, sobald das Modell in Betrieb ist?
- Wird durch die Verwendung des Modells selbst die Repräsentativität der Daten verringert?
- Wie werden die KPIs, die zusammen mit den Geschäftszielen festgelegt wurden, gemessen?

Die möglichen Vorgaben der Daten-Governance werfen noch mehr Fragen auf, darunter:

- Dürfen die ausgewählten Datensätze für diesen Zweck verwendet werden?
- Wie lauten die Nutzungsbedingungen?
- Gibt es personenbezogene Daten, die geschwärzt bzw. anonymisiert werden müssen?
- Gibt es Features, wie z.B. das Geschlecht, die in diesem Geschäftskontext aus rechtlichen Gründen nicht verwendet werden dürfen?
- Sind Bevölkerungsgruppen, die einer Minderheit angehoren, ausreichend gut repräsentiert, sodass das Modell für jede Gruppe eine vergleichbare Qualität aufweist?

Da Daten der wesentliche Rohstoff für ML-Algorithmen sind, ist es immer hilfreich, ein grundlegendes Bild von den Mustern in den Daten zu gewinnen, bevor man sich damit befasst, Modelle zu trainieren. Mithilfe der Methoden der explorativen Datenanalyse (EDA) können Hypothesen über die Daten aufgestellt und Anforderungen an die Datenaufbereitung identifiziert werden, und der Prozess der Auswahl potenziell signifikanter Features kann unterstützt werden. Die EDA umfasst sowohl visuelle Methoden, um einen schnellen Eindruck zu gewinnen, als auch statistische, sofern mehr Sorgfalt erforderlich ist.

Feature Engineering und Feature Selection

Der explorativen Datenanalyse folgen natürlich direkt das *Feature Engineering* (auch Merkmalskonstruktion genannt) und die *Feature Selection* (auch bekannt als Merkmalsauswahl). Feature Engineering ist der Prozess, in dem die Rohdaten aus den ausgewählten Datensätzen bzw. -quellen in *Features* umgewandelt werden, die das zugrunde liegende Problem, das gelöst werden soll, besser darstellen. Features sind nichts anderes als Arrays von Zahlen vordefinierter Größe, da dies der Struktur entspricht, die ML-Algorithmen akzeptieren und verstehen. Das Feature Engineering umfasst auch die Datenbereinigung, die zeitlich den größten Aufwand eines ML-Projekts beanspruchen kann. Weitere Einzelheiten hierzu finden Sie im Abschnitt »Feature Engineering und Feature Selection« auf Seite 64.

Training und Evaluierung

Nach der Datenaufbereitung mittels Feature Engineering und Feature Selection ist der nächste Schritt das Trainieren von Modellen. Der Prozess des Trainierens und der Optimierung eines neuen ML-Modells verläuft iterativ. Dabei können mehrere Algorithmen getestet, Features automatisch erzeugt, die Auswahl der Features angepasst und die Hyperparameter des Algorithmus justiert werden. Zusätzlich zu seinem iterativen Charakter oder in vielen Fällen gerade aufgrund dessen ist das Training auch der rechenintensivste Schritt im Lebenszyklus eines ML-Modells.

Die Nachverfolgung der Ergebnisse der einzelnen Experimente bei den Iterationen wird schnell komplex. Nichts ist für Data Scientists frustrierender, als nicht in der Lage zu sein, die besten Modellergebnisse wieder nachzubilden, weil sie sich nicht an die genaue Konfiguration erinnern können. Ein Tool zur Nachverfolgung von Experimenten kann erheblich dabei helfen, später nachvollziehen zu können, welche Daten, Features und Modellparameter genutzt wurden und wie sich die jeweiligen Experimente auf die zugrunde gelegten Qualitätsmaße ausgewirkt haben. So können Experimente miteinander verglichen und die Unterschiede hinsichtlich der Genauigkeit aufgezeigt werden.

Die Entscheidung darüber, welche Lösung die beste ist, erfordert sowohl quantitative Kriterien, wie z. B. die Korrektklassifikationsrate oder den durchschnittlichen Fehler, als auch qualitative Kriterien hinsichtlich der Erklärbarkeit des Algorithmus oder dessen Einfachheit bzw. Komplexität bei der Verwendung.

Reproduzierbarkeit

Während viele Experimente nur kurzlebig sein mögen, müssen wichtige Versionen eines Modells für eine mögliche spätere Verwendung gespeichert werden. Die Herausforderung ist hier die Reproduzierbarkeit, die ein wichtiges Konzept in der experimentellen Wissenschaft im Allgemeinen ist. Das Ziel im Bereich ML ist es, genügend Informationen über die Umgebung, in der das Modell entwickelt wurde, zu speichern, sodass das Modell von Grund auf mit den gleichen Ergebnissen reproduziert werden kann.

Ohne Reproduzierbarkeit haben Data Scientists kaum eine Chance, Modelle verlässlich zu iterieren – schlimmer noch, sie sind wahrscheinlich nicht in der Lage, das Modell an das DevOps-Team zu übergeben, um zu sehen, ob das, was in der Entwicklungsumgebung erstellt wurde, in der Produktion getreu reproduziert werden kann. Eine vollständige Reproduzierbarkeit erfordert eine Versionskontrolle aller beteiligten Ressourcen und Parameter einschließlich der Daten, die zum Trainieren und zur Bewertung des Modells verwendet werden, sowie eine Protokollierung der Softwareumgebung (siehe den Abschnitt »Versionsverwaltung und Reproduzierbarkeit« auf Seite 75 für Details).

Responsible AI

Modelle reproduzieren zu können, ist nur ein Teil der Herausforderung im Rahmen der Operationalisierung, denn das DevOps-Team muss auch verstehen, wie man das Modell verifiziert (das bedeutet, zu wissen, was das Modell macht, wie es getestet werden sollte und was die zu erwartenden Ergebnisse sind). In stark regulierten Branchen ist es wahrscheinlich erforderlich, eine noch detailliertere Dokumentation zu erstellen, die unter anderem auch beinhaltet, wie das Modell erstellt und wie es optimiert wurde. In kritischen Fällen kann das Modell unabhängig davon neu programmiert und neu erstellt werden.

Eine Dokumentation zu erstellen, ist immer noch die Standardlösung für diese Kommunikationsherausforderung. Hierbei können Tools helfen, mit denen die Modelldokumentation automatisiert erstellt und somit jedes trainierte Modell erfasst werden kann. Aber in fast allen Fällen muss ein Teil der Dokumentation von Hand geschrieben werden, um die getroffenen Entscheidungen zu erklären.

Aufgrund ihrer statistischen Natur sind ML-Modelle oftmals nur schwer zu verstehen. Während Modellalgorithmen mit Qualitätsmaßen auf ihre Wirksamkeit bewertet werden können, erklären diese nicht, wie die Vorhersagen gemacht werden bzw. worauf die Vorhersagen fußen. Das *Wie* ist wichtig, um das Modell auf seine Funktionsfähigkeit zu überprüfen oder um gewisse Funktionen besser entwickeln zu können, und es kann auch notwendig sein, um sicherzustellen, dass Fairnessanforderungen (z.B. hinsichtlich Features wie Geschlecht, Alter oder Hautfarbe) erfüllt sind. Wie zuvor in Kapitel 1 erläutert, ist dies der Bereich der Erklärbarkeit (*Explainability*), der eng mit dem verantwortungsvollen Umgang mit KI (*Responsible AI*) verzahnt ist. Diesem werden wir uns noch eingehender in Kapitel 4 widmen.

Methoden, die Modelle erklärbar machen, werden immer wichtiger, da die globale Besorgnis über die Auswirkungen des ungezügelten Einsatzes von KI wächst. Sie bieten die Möglichkeit, die Unsicherheit zu mildern und unbeabsichtigte Folgen zu vermeiden. Zu den heute am häufigsten verwendeten Methoden gehören:

- Partielle Abhängigkeitsdiagramme (*Partial Dependence Plots*), die den marginalen Einfluss von Features auf das vorherzusagende Ergebnis (auch Zielgröße bzw. -variable genannt) zu analysieren.
- Analyse einzelner Untergruppen der Grundgesamtheit bzw. Population, bei der untersucht wird, wie das Modell bestimmte Merkmalsgruppen berücksichtigt und die die Grundlage für viele Analysen bildet, bei denen die Fairness der KI bewertet wird.
- Individuelle Modellvorhersagen, wie Shapley-Werte (*https://oreil.ly/OC8OK*), die aufzeigen, wie der Wert der einzelnen Features zu einer bestimmten Vorhersage beiträgt.
- Was-wäre-wenn-Analysen, die dem Nutzer des ML-Modells helfen, die Sensitivität der Vorhersage in Bezug auf ihre Eingaben zu verstehen.

Wie wir in diesem Abschnitt gesehen haben, ist die Modellentwicklung, auch wenn sie ziemlich am Anfang steht, ein wichtiger Ansatzpunkt für die Einbindung von MLOps-Praktiken. Jede bereits während der Modellentwicklung geleistete MLOps-Arbeit erleichtert die spätere Verwaltung der Modelle (insbesondere bei der Überführung in die Produktion).

Überführung in die Produktion und Deployment

Die Überführung in die Produktion und das Deployment von Modellen gehören ebenfalls zu den wichtigen Komponenten von MLOps, die ganz andere technische Herausforderungen mit sich bringen als die Entwicklung des Modells. Sie fallen in den Kompetenzbereich des Software-Engineers- und des DevOps-Teams, und die organisatorischen Herausforderungen bei der Organisation des Informationsaustauschs zwischen den Data Scientists und diesen Teams dürfen nicht unterschätzt werden. Wie in Kapitel 1 angesprochen, kommt es ohne effektive Zusammenarbeit zwischen den Teams unweigerlich zu Verzögerungen oder Fehlern beim Deployment.

Arten und Elemente des Modell-Deployments

Um zu begreifen, was in dieser Phase eines Projekts passiert, ist es hilfreich, einen Schritt zurückzutreten und sich zu fragen: Was genau geht in Produktion, und woraus setzt sich ein Modell zusammen? Im Allgemeinen gibt es zwei Möglichkeiten, ein Modell bereitzustellen:

Als Model-as-a-Service bzw. Live-Scoring-Modell
: Typischerweise wird das Modell in ein einfaches Framework eingebunden, um einen REST-API-Endpunkt (den Weg, über den die API auf die Ressourcen zugreifen kann, die sie zur Bewältigung der Aufgabe benötigt) bereitzustellen, der Anfragen in Echtzeit beantwortet.

Als eingebettetes Modell (engl. Embedded Model)
Hier wird das Modell in eine Anwendung verpackt, die anschließend ausgerollt wird. Ein häufig anzutreffendes Beispiel in diesem Zusammenhang ist eine Anwendung, die ein Batch-Scoring von Anfragen vollzieht, d.h., dass die Anfragen nicht in Echtzeit, sondern als Batches zu einem bestimmten Zeitpunkt ausgewertet werden.

Welche Komponenten die zu implementierenden Modelle haben, hängt natürlich von der gewählten Technologie ab, aber typischerweise bestehen sie aus einer Reihe von Programmcodes (in der Regel Python, R oder Java) und Datenartefakten. Jedes dieser Elemente kann Versionsabhängigkeiten zu Laufzeiten und Paketen haben, die in der Produktivumgebung übereinstimmen müssen, da die Verwendung unterschiedlicher Versionen zu unterschiedlichen Modellvorhersagen führen kann.

Ein Ansatz zur Verringerung der Abhängigkeiten von der Produktivumgebung ist der Export des Modells in ein portables Format wie PMML, PFA, ONNX oder POJO. Diese zielen darauf ab, die Modellportabilität zwischen Systemen zu verbessern und das Deployment zu vereinfachen. Sie haben jedoch ihren Preis: Jedes Format unterstützt eine begrenzte Anzahl von Algorithmen, und manchmal verhalten sich die portablen Modelle dennoch geringfügig anders als das ursprüngliche Modell. Die Entscheidung, ob ein portables Format verwendet werden soll oder nicht, muss auf der Grundlage eines umfassenden Verständnisses des jeweiligen technologischen und geschäftlichen Kontexts getroffen werden.

Containerisierung

Eine zunehmend beliebte Technik zur Lösung des Abhängigkeitsproblems beim Deployment von ML-Modellen ist die Containerisierung. Containertechnologien wie Docker sind leichtgewichtige Alternativen zu virtuellen Maschinen. Sie ermöglichen die Bereitstellung von Anwendungen in unabhängigen, in sich geschlossenen Umgebungen, die genau auf die Anforderungen der einzelnen Modelle abgestimmt sind.

Sie ermöglichen auch die nahtlose Bereitstellung neuer Modelle mit dem Ansatz des Blue-Green-Deployments.[1] Außerdem lassen sich Rechenressourcen für Modelle mithilfe mehrerer Container flexibel skalieren. Die Orchestrierung einer Vielzahl von Containern lässt sich mit Technologien wie Kubernetes handhaben und kann sowohl in der Cloud als auch lokal (On-Premise) verwendet werden.

1 Die Beschreibung des Blue-Green-Deployment-Ansatzes beansprucht mehr Raum, als wir ihm an dieser Stelle einräumen können. Weitere Informationen finden Sie in Martin Fowlers Blog (*https://oreil.ly/Uuobx*).

Anforderungen beim Deployment von Modellen

Wie sieht nun die Überführung in die Produktion zwischen dem Abschluss der Modellentwicklung und dem physischen Deployment in die Produktivumgebung aus? Was gilt es zu beachten? Eines ist sicher: Ein schnelles, automatisiertes Deployment ist arbeitsintensiven Prozessen stets vorzuziehen.

Bei kurzlebigen Self-Service-Anwendungen muss man sich oft keine Gedanken über Tests oder die Evaluierung machen. Wenn die maximalen Ressourcenanforderungen des Modells durch Technologien wie Linux cgroups sicher gedeckelt werden können, kann ein vollautomatischer Single-Step-Push-to-Production, also ein Deployment in nur einem einzigen Schritt, völlig ausreichend sein. Bei Verwendung dieses eher leichtgewichtigen Deployment-Ansatzes ist es sogar möglich, einfache Benutzeroberflächen mit Frameworks wie Flask zu nutzen. Neben integrierten Data-Science- und Machine-Learning-Plattformen können einige Business-Rule-Management-Systeme ebenfalls eine Form autonomen Deployments elementarer ML-Modelle ermöglichen.

In kundennahen und unternehmenskritischen Anwendungsfällen ist hingegen eine robustere CI/CD-Pipeline erforderlich. Das betrifft in der Regel folgende Punkte:

1. Sicherstellen, dass alle Programmier-, Dokumentations- und Freigabestandards eingehalten wurden.
2. Die Möglichkeit, Modelle in einer Umgebung, die der Produktivumgebung ähnelt, erneut zu erstellen.
3. Eine erneute Evaluierung der Genauigkeit des Modells.
4. Durchführen von Erklärbarkeitstests.
5. Sicherstellen, dass alle Governance-Anforderungen erfüllt sind.
6. Prüfen der Qualität sämtlicher Datenartefakte.
7. Testen der Ressourcennutzung bei Auslastung.
8. Die Einbindung in eine komplexere Anwendung, einschließlich Integrationstests.

In stark regulierten Branchen (z.B. der Finanz- und Pharmaindustrie) sind die Governance und die regulatorischen Prüfungen sehr weitreichend und werden wahrscheinlich manuelle Eingriffe erfordern. Wie bei DevOps liegt das Bestreben bei MLOps darin, die CI/CD-Pipeline so weit wie möglich zu automatisieren. Das beschleunigt nicht nur den Deployment-Prozess, sondern ermöglicht auch umfangreichere Regressionstests und verringert die Wahrscheinlichkeit von Fehlern beim Deployment.

Monitoring

Sobald ein Modell einmal in die Produktivumgebung überführt wurde, ist es von entscheidender Bedeutung, dass es dauerhaft eine »gute Leistung« erbringt und dies auch überwacht wird. Dabei kann es problematisch sein, dass die verschiedenen beteiligten Gruppen – insbesondere das DevOps-Team, die Data Scientists und das Management – unterschiedliche Vorstellungen von einer »guten Leistung« haben.

Verantwortungsbereiche des DevOps-Teams

Die Fragestellungen, mit denen sich das DevOps-Team beschäftigt, beinhalten Fragen wie:

- Erledigt das Modell seine Aufgabe schnell genug?
- Beansprucht es eine akzeptable Menge an Speicher und Verarbeitungszeit?

Diese Fragen finden bereits in der traditionellen Leistungsüberwachung von IT-Systemen Beachtung – und DevOps-Teams beherrschen diese Aufgabe ebenfalls bestens. In dieser Hinsicht unterscheiden sich die Ressourcenanforderungen von ML-Modellen nicht sonderlich stark von klassischen Softwareprogrammen.

Die Skalierbarkeit von Rechenressourcen kann ein wichtiger Aspekt sein, beispielsweise wenn Sie Modelle, die im Produktivbetrieb sind, neu trainieren müssen. Deep-Learning-Modelle haben einen größeren Ressourcenbedarf als vergleichsweise einfachere Entscheidungsbäume. Im Großen und Ganzen kann jedoch das in DevOps-Teams vorhandene Fachwissen zur Überwachung und Verwaltung von Ressourcen problemlos auf ML-Modelle angewendet werden.

Verantwortungsbereiche des Data-Science-Teams

Das Data-Science-Team ist an der Überwachung von ML-Modellen aus einem neuen, zusätzlich erschwerenden Grund interessiert: Die Güte von ML-Modellen kann sich mit der Zeit verschlechtern, da sie im Grunde die Daten abbilden, auf denen sie trainiert wurden. Im Rahmen der traditionellen Softwareentwicklung gibt es diese Problematik hingegen nicht. Machine Learning liefert auf der Grundlage mathematischer Methoden eine verdichtete Repräsentation der wichtigen Muster in den Trainingsdaten in der Hoffnung, dass diese ein gutes Abbild der realen Welt sind. Wenn die Trainingsdaten die reale Welt gut widerspiegeln, sollte das Modell akkurat und folglich auch nutzbringend sein.

Doch die Welt steht nicht still. Die Trainingsdaten, die zur Erstellung eines Betrugserkennungsmodells vor sechs Monaten verwendet wurden, werden eine neue Art von Betrug, die erst in den letzten drei Monaten neu aufgetreten ist, nicht abbilden (können). Wenn eine bestimmte Webseite anfängt, eine immer jüngere Nutzerbasis anzuziehen, wird ein Modell, das Anzeigen generiert, wahrscheinlich immer weniger relevante Anzeigen erscheinen lassen. Irgendwann wird die erbrachte Modellleistung inakzeptabel sein und ein erneutes Training (engl. *Retraining*) des Modells unerlässlich. Wie schnell Modelle nach- bzw. neu trainiert werden müssen, hängt davon ab, wie schnell sich die realen Gegebenheiten ändern und wie genau das Modell sein muss, aber auch davon – und das ist nicht weniger wichtig –, wie einfach es ist, ein besseres Modell zu bauen und neu in Betrieb zu nehmen.

Wie können Data Scientists aber überhaupt erkennen, dass die Leistung eines Modells nachlässt? Diese Aufgabe gestaltet sich nicht immer einfach. Es gibt zwei gängige Ansätze: Einer basiert auf der sogenannten *Ground Truth* und der andere auf der sogenannten *Input-Drift*.

Ground Truth

Die Ground Truth ist, einfach ausgedrückt, die korrekte Antwort auf die Fragestellung, die das Modell lösen soll, d.h. der tatsächliche Wert der Zielgröße, die vorausgesagt wird – zum Beispiel: »Ist diese Kreditkartentransaktion tatsächlich ein Betrugsfall?« Wenn man die tatsächlichen Werte für alle von dem Modell getroffenen Vorhersagen kennt, kann man beurteilen, wie gut das Modell funktioniert.

Manchmal wird die Ground Truth bereits kurz nach einer Vorhersage ermittelt – zum Beispiel bei Modellen, die entscheiden, welche Werbung einem Besucher auf einer Webseite angezeigt werden soll. Der Benutzer klickt wahrscheinlich innerhalb weniger Sekunden oder ansonsten gar nicht auf die Anzeigen. In vielen Anwendungsfällen ist es jedoch viel langwieriger, die Ground Truth zu ermitteln. Wenn ein Modell vorhersagt, dass eine Transaktion ein Betrugsversuch ist, wie kann dies bestätigt werden? In einigen Fällen dauert die Verifizierung nur wenige Minuten, z.B. durch einen Telefonanruf beim Karteninhaber. Was aber ist mit den Transaktionen, die das Modell für legitim befunden hat, die aber in Wirklichkeit Betrugsfälle waren? Das Beste wäre, dass sie vom Karteninhaber gemeldet werden, wenn er seine monatlichen Transaktionen überprüft, aber das kann bis zu einem Monat nach dem Vorfall dauern (oder auch gar nicht passieren).

Im Beispiel eines Betrugs ist das Data-Science-Team aufgrund der fehlenden Ground Truth nicht imstande, die Leistung auf täglicher Basis genau zu überwachen. Wenn die Umstände ein schnelles Feedback erfordern, kann das Konzept der Input-Drift einen geeigneteren Ansatz darstellen.

Systematische Abweichungen in den Eingabedaten (Input-Drift)

Eine Input-Drift basiert auf dem Prinzip, dass ein Modell nur dann genaue Vorhersagen treffen kann, wenn die Daten, auf denen es trainiert wurde, ein treffendes Abbild der realen Welt sind. Zeigt also ein Vergleich der jüngsten Anfragen bei einem im Betrieb befindlichen Modell deutliche Unterschiede zu den Trainingsdaten auf (und sind die Trainingsdaten nicht mehr repräsentativ), ist die Wahrscheinlichkeit groß, dass die Modellleistung beeinträchtigt ist. Entsprechend lässt sich ein Modell auf Basis der Input-Drift überwachen. Das Schöne an diesem Ansatz ist, dass alle Daten, die für diesen Test benötigt werden, bereits vorhanden sind, sodass man nicht die Ermittlung der Ground Truth oder anderer Informationen abwarten muss.

Eine Drift zu erkennen, ist einer der bedeutendsten Bestandteile einer anpassungsfähigen MLOps-Strategie und einer, der Agilität in die unternehmensweiten KI-Aktivitäten bringen kann. Kapitel 7 geht näher auf die technischen Aspekte ein, die Data Scientists bei der Modellüberwachung zu berücksichtigen haben.

Verantwortungsbereiche der Managementebene

Die Managementebene hat eine ganzheitliche Sichtweise auf die Überwachung, und einige ihrer Bedenken könnten Fragen einschließen wie etwa:

- Liefert das Modell einen Mehrwert für das Unternehmen?
- Übersteigen die Vorteile des Modells die Kosten der Entwicklung und des Deployments? (Und wie lässt sich das beurteilen?)

Die für das ursprüngliche Geschäftsziel identifizierten KPIs sind ein wesentlicher Teil dieses Prozesses. Wenn möglich, sollten diese automatisch überwacht werden, was aber selten trivial ist. Wenn wir in unserem vorherigen Beispiel das Ziel verfolgen, die Betrugsfälle auf weniger als 0,1 % der Transaktionen zu reduzieren, sind wir auf die Ermittlung der Ground Truth angewiesen. Aber selbst deren Überwachung beantwortet nicht die Frage: Wie groß ist der Nettogewinn für das Unternehmen in Euro?

Dies ist eine altbekannte Herausforderung für Softwaresysteme, und mit den ständig steigenden Ausgaben für Machine Learning wird der Druck auf die Data Scientists, den Wert nachzuweisen, nur noch größer werden. In Ermangelung eines Systems, das den anwendungsbezogenen Nettogewinn in Echtzeit korrekt ausweisen kann, ist die Überwachung der betrieblichen KPIs die effektivste und beste verfügbare Option (siehe den Abschnitt »Experimente konzipieren und verwalten« auf Seite 166). Dabei ist es wichtig, was als Referenz gewählt wird. Idealerweise sollte eine Differenzierung des Werts speziell bezüglich des ML-Teilprojekts möglich sein und nicht des Gesamtprojekts. Zum Beispiel kann die ML-Leistung in Bezug auf ein regelbasiertes Entscheidungsmodell auf Basis von Fachwissen bewertet werden, um den Beitrag der Entscheidungsautomatisierung und den von Machine Learning zu unterscheiden.

Iteration und Lebenszyklus

Bessere Versionen eines Modells zu entwickeln und bereitzustellen, macht einen wesentlichen Teil des MLOps-Lebenszyklus aus und stellt eine der größten Herausforderungen dar. Es gibt verschiedene Gründe für die Entwicklung einer neuen Modellversion, einer davon ist, wie im vorherigen Abschnitt beschrieben, die Verschlechterung der Modellleistung infolge einer Drift des Modells. In anderen Fällen besteht die Notwendigkeit, verfeinerte Geschäftsziele und KPIs zu berücksichtigen, und in manchen Fällen ist es einfach so, dass die Data Scientists einen besseren Weg gefunden haben, das Modell zu konzipieren.

Iteration

In einigen schnelllebigen Geschäftsumgebungen stehen täglich neue Trainingsdaten zur Verfügung. Um sicherzustellen, dass das Modell die jüngsten Informationen so gut wie möglich abbildet, wird häufig ein tägliches automatisiertes Retraining und Redeployment des Modells vorgenommen.

Das einfachste Szenario für die Iteration einer neuen Modellversion besteht im erneuten Trainieren eines vorhandenen Modells mit den neuesten bzw. aktualisierten Trainingsdaten. Aber auch wenn es keine Änderungen bei der Auswahl der Features oder dem Algorithmus gibt, so existieren doch diverse Fallstricke, insbesondere:

- Sehen die neuen Trainingsdaten wie erwartet aus? Eine automatisierte Validierung der neuen Daten durch vordefinierte Maße und Tests ist unerlässlich.)
- Sind die Daten vollständig und in sich stimmig?
- Sind die Verteilungen der Features im Großen und Ganzen ähnlich zu denen im vorherigen Trainingsdatensatz? Vergessen Sie nicht, dass das Ziel darin besteht, das Modell zu verfeinern, und nicht, es grundlegend zu ändern.

Wenn eine neue Modellversion gebaut wurde, besteht der nächste Schritt darin, die Qualitätsmaße mit denen für die sich aktuell im Betrieb befindliche Modellversion zu vergleichen. Dazu müssen beide Modelle auf demselben Entwicklungsdatensatz bewertet werden, unabhängig davon, ob es sich um die vorherige oder die neueste Version handelt. Wenn die Qualitätsmaße und die Tests auf eine große Abweichung zwischen den Modellen hindeuten, sollten die automatisierten Skripte nicht mehr zum Einsatz kommen, und es muss manuell eingegriffen werden.

Selbst mit dem »einfachen« Szenario des automatisierten Retrainings auf der Grundlage neuer Trainingsdaten sind gewisse Anstrengungen verbunden. Beispielsweise sind mehrere Entwicklungsdatensätze, die aus einem Abgleich der getroffenen Vorhersagen (mit Ground Truth/Labels, sobald diese verfügbar sind) resultieren, eine Datenbereinigung und -validierung, die vorherige Modellversion und eine Reihe sorgfältig durchdachter Tests erforderlich. Das Retraining dürfte in anderen Szenarien sogar noch komplizierter sein, was es unwahrscheinlich macht, dass ein automatisiertes Redeployment erfolgen kann.

Betrachten wir zum Beispiel ein Retraining, das dadurch motiviert ist, dass eine signifikante Veränderung in den Eingabedaten (Input-Drift) festgestellt wurde. Wie lässt sich das Modell verbessern? Sofern neue Trainingsdaten zur Verfügung stehen, ist ein erneutes Training mit diesen Daten die Maßnahme mit dem höchsten Kosten-Nutzen-Verhältnis, und es kann ausreichen. In Umgebungen, in denen die tatsächlichen Werte (Ground Truth) nur zeitverzögert oder schwierig zu ermitteln sind, gibt es jedoch möglicherweise nur wenige neue gelabelte Daten.

In diesem Fall müssten Data Scientists direkt eingreifen, um dem Grund der Drift auf die Spur zu kommen und herauszufinden, wie die vorhandenen Trainingsdaten angepasst werden können, um die neuesten Eingabedaten besser abzubilden. Die Bewertung eines infolge solcher Änderungen erzeugten Modells gestaltet sich schwierig. Der Data Scientist muss Zeit aufwenden, um die Situation zu bewerten – Zeit, die mit der Schwere der Modellierungsschulden zunimmt –, die potenziellen Auswirkungen auf die Leistung abzuschätzen und maßgeschneiderte Gegenmaßnahmen zu konzipieren. Zum Beispiel kann das Entfernen eines bestimmten Features oder die Anwendung eines Stichprobenziehungsverfahrens (engl. *Sampling*), mit dem sich aus den vorhandenen Zeilen der Trainingsdaten Stichproben (engl. *Samples*) ziehen lassen, zu einem besser abgestimmten Modell führen.

Die Feedback-Schleife

In großen Unternehmen schreiben die DevOps-Best-Practices in der Regel vor, dass die Umgebung, in der das Modell in Betrieb ist, und die Umgebung, in der das Retraining des Modells vorgenommen wird, voneinander getrennt sind. Infolgedessen wird die Bewertung einer neuen Modellversion in der Retraining-Umgebung wahrscheinlich verfälscht sein.

Ein Ansatz zur Abschwächung dieser Unsicherheit sind Schattentests (*Shadow Tests*), bei denen die neue Modellversion neben dem bestehenden Modell in der Produktivumgebung eingesetzt wird. Alle Vorhersagen werden von der bereits etablierten Modellversion durchgeführt, aber jede neue Anfrage wird ebenfalls von der neuen Modellversion ausgewertet, und die Ergebnisse werden protokolliert, aber nicht an den Anfragenden zurückgegeben. Sobald genügend Anfragen von beiden Versionen erfasst worden sind, können die Ergebnisse statistisch verglichen werden. Diese Art von Schattentest (*Shadow-Scoring*) gibt den beteiligten Fachexperten auch einen besseren Einblick in künftige Versionen des Modells und kann so einen reibungsloseren Übergang ermöglichen.

Bei dem zuvor besprochenen Anzeigengenerierungsmodell ist es unmöglich, zu sagen, ob die vom Modell ausgewählten Anzeigen gut oder schlecht sind, ohne dem Endbenutzer die Möglichkeit zu geben, auf sie zu klicken. In diesem Anwendungsfall ist der Nutzen von Schattentests begrenzt, und es werden in der Regel eher A/B-Tests durchgeführt.

Bei A/B-Tests werden beide Modelle in der Produktivumgebung eingesetzt, aber die eingehenden Anfragen werden auf beide Modelle aufgeteilt. Jede Anfrage wird von dem einen oder dem anderen Modell verarbeitet, nicht von beiden. Die Ergebnisse der beiden Modelle werden zu Analysezwecken protokolliert (aber nie für dieselbe Anfrage). Um statistisch aussagekräftige Schlussfolgerungen aus einem A/B-Test ziehen zu können, ist eine sorgfältige Planung des Tests erforderlich.

In Kapitel 7 wird die Vorgehensweise bei A/B-Tests noch ausführlicher beschrieben, doch vorab: In ihrer einfachsten Form haben A/B-Tests einen zuvor festgelegten Zeithorizont. Das liegt daran, dass zur Durchführung des Tests eine ausreichend große Anzahl an Beobachtungen (bzw. ausreichend große Stichproben) benötigt wird, um valide und statistisch aussagekräftige Schlussfolgerungen ziehen zu können. Dementsprechend ist es nicht verlässlich, bereits vorab in das Ergebnis des Tests »hineinzuschnuppern«. Wenn der Test jedoch in einer Produktivumgebung im Echtzeitbetrieb läuft, ist jede Fehlprognose wahrscheinlich mit Kosten verbunden. Es könnte teuer werden, wenn man einen Test nicht frühzeitig beenden kann.

Bayessche und insbesondere Multi-Armed-Bandit-Tests bilden eine zunehmend beliebte Alternative zum »frequentistischen« Testansatz mit festem Zeithorizont, da mit ihnen schneller Schlussfolgerungen gezogen werden können. Das Testen mit Multi-Armed-Bandits ist adaptiv: Der Algorithmus, der über die Aufteilung zwischen den Modellen entscheidet, passt sich entsprechend den Echtzeitergebnissen an und reduziert die Arbeitslast bzw. die Einbeziehung der unterdurchschnittlichen Modelle. Multi-Armed-Bandit-Tests sind einerseits komplexer, andererseits können sie die Geschäftskosten, die mit der Nutzung eines unzureichenden Modells zusammenhängen, verringern.

Iterieren am Rande des Möglichen

Die Iteration eines ML-Modells, das auf Millionen von Geräten wie Smartphones, Sensoren oder Autos eingesetzt wird, stellt einen vor andere Herausforderungen als die Iteration innerhalb einer unternehmensinternen IT-Umgebung. Ein Ansatz besteht darin, das gesamte Feedback von den Millionen von Modellinstanzen an einen zentralen Punkt weiterzuleiten und das Training zentral durchzuführen. So läuft es beispielsweise bei Teslas Autopilot-System (*https://oreil.ly/7jWqk*) ab, das in mehr als 500.000 Autos im Einsatz ist. Ein vollständiges Retraining der rund 50 neuronalen Netze erfordert etwa 70.000 GPU-Rechenstunden.

Google hat mit seiner Smartphone-Tastatursoftware GBoard (*https://oreil.ly/79xaw*) einen anderen Ansatz gewählt. Anstelle eines zentral angelegten Retrainings trainiert jedes Smartphone das Modell lokal nach und sendet eine Zusammenfassung der ermittelten Verbesserungen zentral an Google. Anhand dieser Verbesserungen aller Geräte wird ein Durchschnitt gebildet und das gemeinsam genutzte Modell aktualisiert. Dieser föderierte Lernansatz bedeutet, dass die persönlichen Daten eines einzelnen Benutzers nicht zentral gesammelt werden müssen, dass das verbesserte Modell auf jedem Telefon sofort verwendet werden kann und dass der Gesamtstromverbrauch gesenkt wird.

Governance

Governance ist die Gesamtheit der Kontrollen, die einem Unternehmen auferlegt werden, um sicherzustellen, dass es seiner Verantwortung gegenüber allen Stakeholdern – von Aktionären und Mitarbeitern bis hin zur Öffentlichkeit und nationalen Regierungen – nachkommt. Diese Verantwortung umfasst finanzielle, rechtliche und ethische Verpflichtungen. Allen dreien liegt das Grundprinzip der Fairness zugrunde.

Die rechtlichen Verpflichtungen sind am einfachsten nachzuvollziehen. Unternehmen unterlagen schon lange vor dem Aufkommen von Machine Learning den Auflagen von Vorschriften. Viele Vorschriften zielen auf bestimmte Branchen ab; zum Beispiel zielen Finanzvorschriften darauf ab, die Öffentlichkeit und die breitere Wirtschaft vor Finanzmissmanagement und Betrug zu schützen, während die Pharmaindustrie Regeln einhalten muss, um die Gesundheit der Öffentlichkeit zu bewahren. Die Geschäftspraxis wird durch eine breitere Gesetzgebung beeinflusst, um gefährdete Gesellschaftsbereiche zu schützen und gleiche Wettbewerbsbedingungen in Bezug auf Merkmale wie Geschlecht, Hautfarbe, Alter oder Religion zu gewährleisten.

In jüngerer Zeit haben Regierungen auf der ganzen Welt Vorschriften erlassen, um die Öffentlichkeit vor den Auswirkungen der Nutzung personenbezogener Daten zu schützen. Die *EU-Datenschutzgrundverordnung* (DSGVO, engl. *General Data Protection Regulation*, GDPR), die im Jahr 2016 in Kraft trat, und der *California Consumer Privacy Act* (CCPA) aus dem Jahr 2018 stehen beispielhaft für diesen Trend, und ihre Auswirkungen auf Machine-Learning-Systeme sind – angesichts der immensen Abhängigkeit von Daten – enorm. Beispielsweise versucht die DSGVO, personenbezogene Daten vor industriellem Missbrauch zu schützen mit dem Ziel, die potenzielle Diskriminierung von Individuen oder Personengruppen zu begrenzen.

Grundsätze der DSGVO

Die DSGVO legt Grundsätze für die Verarbeitung personenbezogener Daten fest. In diesem Zusammenhang ist es durchaus erwähnenswert, dass der CCPA so aufgebaut wurde, dass er diese Grundsätze weitestgehend übernommen hat, obwohl er dennoch einige bedeutsame Unterschiede aufweist.[2] Die Verarbeitung umfasst die Erhebung, Speicherung, Veränderung und Nutzung personenbezogener Daten. Ihre Grundsätze lauten:

- Rechtmäßigkeit, Fairness und Transparenz
- Zweckgebundenheit
- Datensparsamkeit
- Genauigkeit
- Einschränkung der Speicherung
- Integrität und Vertraulichkeit (Sicherheit)
- Verantwortlichkeit

2 Sehen Sie sich gern eine detaillierte Analyse der Unterschiede zwischen der DSGVO und dem CCPA an. (*https://oreil.ly/zS7o6*)

Die Regierungen beginnen nun, ihr regulatorisches Auge speziell auf Machine Learning zu richten in der Hoffnung, die negativen Auswirkungen seiner Nutzung abzuschwächen. Die Europäische Union, die als Vorreiter gilt, plant eine neue Gesetzgebung, die den zulässigen Einsatz verschiedener Formen von KI definieren soll. Dabei geht es nicht unbedingt darum, die Nutzung einzuschränken. So können beispielsweise vorteilhafte Anwendungen der Gesichtserkennungstechnologie ermöglicht werden, die derzeit durch Datenschutzbestimmungen eingeschränkt sind. Es zeichnet sich jedoch ab, dass Unternehmen bei der Anwendung von Machine Learning zukünftig noch mehr Vorschriften einhalten müssen.

Sind Unternehmen auch jenseits der formalen Gesetzgebung an ihrer moralischen Verantwortung für die Gesellschaft interessiert? Die Antwort lautet zunehmend Ja, wie die aktuelle Entwicklung von Umwelt-, Sozial- und Governance-Kennzahlen (ESG) zeigt. Vertrauen ist für Verbraucher wichtig, und ein Mangel an Vertrauen ist schlecht für das Geschäft. Durch die zunehmende öffentliche Diskussion über dieses Thema befassen sich Unternehmen mit den Ideen der Responsible AI, der ethischen, transparenten und verantwortungsvollen Anwendung von KI-Technologien. Darüber hinaus ist auch das Vertrauen der Aktionäre wichtig. Daher ist die Entwicklung hin zu einer vollständigen Offenlegung von Risiken im Zusammenhang mit KI in vollem Gang.

Der Aufbau einer guten Governance ist in Bezug auf MLOps eine Herausforderung. Die Prozesse sind komplex, die Technologien undurchsichtig, und die Abhängigkeit von Daten ist fundamental. Governance-Initiativen für MLOps fallen im Wesentlichen in eine von zwei Kategorien:

Daten-Governance
: Ein Framework zur Sicherstellung einer angemessenen Nutzung und Verwaltung von Daten.

Prozess-Governance
: Die Verwendung von gut definierten Prozessen, um sicherzustellen, dass alle Governance-Überlegungen zum richtigen Zeitpunkt im Lebenszyklus des Modells berücksichtigt wurden und dass eine vollständige und genaue Dokumentation geführt wurde.

Daten-Governance

Die Daten-Governance richtet sich auf die verwendeten Daten, insbesondere auf die Trainingsdaten. Sie umfasst Fragen wie:

- Woher stammen die Daten?
- Wie wurden die ursprünglichen Daten gesammelt, und welchen Nutzungsbedingungen unterliegen sie?
- Sind die Daten fehlerfrei und auf dem neuesten Stand?
- Gibt es personenbezogene Daten oder andere Formen von sensiblen Daten, die nicht verwendet werden sollten?

ML-Projekte fußen in der Regel auf umfangreichen Pipelines, die aus Datenbereinigungs-, Zusammenführungs- und Transformationsschritten bestehen. Die Datenkette zu erfassen, ist kompliziert, vor allem auf Ebene der Features, ist aber für die Einhaltung der Datenschutzbestimmungen (DSGVO) unerlässlich. Wie können die Teams – und im weiteren Sinne Unternehmen, da dies auch für die Führungsebene wichtig ist – sicherstellen, dass keine sensiblen personenbezogenen Daten zum Trainieren eines bestimmten Modells verwendet werden? Die Anonymisierung oder Pseudo-Anonymisierung von Daten ist nicht immer eine ausreichende Lösung für den Umgang mit sensiblen personenbezogenen Daten. Wenn diese Prozesse nicht ordnungsgemäß durchgeführt werden, kann es immer noch möglich sein, eine Person und ihre Daten entgegen den Anforderungen der DSGVO herauszufiltern.[3]

Trotz bester Absichten der Data Scientists kann eine nicht vertretbare Verzerrung bzw. ein Bias in Modellen ganz zufällig entstehen. Ein ML-Modell, das im Rahmen der Personalbeschaffung bei Amazon eingesetzt wurde, diskriminierte bekanntermaßen Frauen, indem es festgestellt hatte, dass bestimmte Schulen – ausschließlich Mädchenschulen – im oberen Management des Unternehmens weniger stark vertreten waren, was die zahlenmäßig historische Dominanz von Männern in dem Unternehmen widerspiegelte.[4] Der Punkt ist, dass Prognosen auf Basis von Erfahrungswerten ein sehr leistungsfähiger Ansatz sein kann. Manchmal sind aber die Konsequenzen nicht nur kontraproduktiv, sondern auch rechtswidrig.

Die Daten-Governance-Werkzeuge, die diese Probleme lösen können, stecken noch in den Kinderschuhen. Die meisten konzentrieren sich auf die Beantwortung dieser beiden Fragen hinsichtlich der Datenhistorie:

- Woher stammen die Informationen dieses Datensatzes, und wie kann ich sie vor diesem Hintergrund nutzen?
- Wie wird dieser Datensatz verwendet, und welche nachgelagerten Auswirkungen ergeben sich, wenn ich diesen Datensatz in irgendeiner Weise verändere?

Beide Fragen sind in realen Datenaufbereitungspipelines nicht leicht vollständig und genau zu beantworten. Wenn ein Data Scientist beispielsweise eine Python-Funktion schreibt, um mehrere Eingabedatensätze im Speicher zu verarbeiten und einen einzigen Datensatz auszugeben, wie kann man dann sicher sein, aus welchen Informationen jeder Datenpunkt des neuen Datensatzes abgeleitet wurde?

Prozess-Governance

Die Prozess-Governance konzentriert sich auf die Formalisierung der Schritte im MLOps-Prozess und die Verknüpfung von Aktionen mit diesen. Typischerweise

3 Möchten Sie mehr wissen zum Thema Anonymisierung, Pseudo-Anonymisierung und warum sich dadurch nicht alle Datenschutzprobleme lösen lassen, empfehlen wir den Beitrag »Datenschutzkonforme Datenprojekte durchführen« (*Executing Data Privacy-Compliant Data Projects)* von Dataiku (*https://oreil.ly/bK1Yu*).

4 Im Jahr 2018 hat Amazon bekanntlich das KI-Personalbeschaffungstool wegen seiner Voreingenommenheit gegenüber Frauen (*https://oreil.ly/tI5Sy*) aus dem Verkehr gezogen.

handelt es sich bei diesen Aktionen um Überprüfungen, Freigaben und die Protokollierung von Begleitmaterialien wie z.B. einer Dokumentation. Damit werden zwei Ziele verfolgt:

- Sicherstellen, dass alle Governance-relevanten Überlegungen zum richtigen Zeitpunkt angestellt und dass entsprechend gehandelt wird. Zum Beispiel sollten Modelle erst dann in den Produktivbetrieb überführt werden, wenn alle Validierungstests bestanden wurden.
- Die Möglichkeit schaffen, auch außerhalb des strengen MLOps-Prozesses die Kontrolle zu behalten. Wirtschaftsprüfer, Risikomanager, Compliance-Beauftragte wie auch das Unternehmen als Ganzes haben alle ein Interesse daran, den Fortschritt verfolgen und Entscheidungen zu einem späteren Zeitpunkt überprüfen zu können.

Eine effektive Umsetzung der Prozess-Governance ist schwierig:

- Die formalen Prozessabläufe des ML-Lebenszyklus sind selten einfach und genau zu definieren. Das Wissen über den gesamten Prozess ist in der Regel auf die vielen beteiligten Teams verteilt, wobei oft keine einzelne Person ein detailliertes Wissen um den gesamten Prozess hat.
- Damit der Prozess erfolgreich angewendet werden kann, muss jedes Team bereit sein, ihn uneingeschränkt mitzutragen.
- Falls ein Prozess für manche Anwendungsfälle einfach zu schwerfällig definiert ist, werden die Teams ihn sicherlich unterlaufen, und ein Großteil des Nutzens geht verloren.

Heutzutage findet man eine Prozess-Governance am häufigsten in Unternehmen mit bereits historisch hohen Regulierungs- und Compliance-Standards, etwa im Finanzwesen. Außerhalb dieser Branchen ist sie eine Seltenheit. Da Machine Learning in alle Bereiche der Geschäftstätigkeit vordringt und die Besorgnis über verantwortungsvolle KI zunimmt, benötigen wir neue und innovative Lösungen, die für alle Unternehmen geeignet sind, um diesem Problem zu begegnen.

Abschließende Überlegungen

Angesichts dieses Überblicks über die für MLOps erforderlichen Funktionen und betroffenen Prozesse ist es eindeutig nichts, was Datenteams – bzw. datenzentrierte Unternehmen im Allgemeinen – ignorieren können. Es ist auch kein Punkt, den man auf einer Liste abhaken könnte (»Ja, wir machen MLOps!«), sondern ein komplexes Zusammenspiel aus Technologien, Prozessen und Menschen, das Disziplin und Zeit erfordert, um erfolgreich zu sein.

In den folgenden Kapiteln werden die einzelnen Phasen des Lebenszyklus von ML-Modellen, die bei MLOps eine Rolle spielen, näher beleuchtet mit dem Ziel, sich der bestmöglichen MLOps-Implementierung anzunähern.

TEIL II

MLOps einsetzen

KAPITEL 4

Modellentwicklung

Adrien Lavoillotte

Jeder, der sich ernsthaft mit MLOps befassen will, muss zumindest ein grobes Verständnis von dem Modellentwicklungsprozess haben, der, wie in Abbildung 4-1 beschrieben, als Teil des größeren ML-Projektlebenszyklus zu verstehen ist. Je nach Situation kann der Modellentwicklungsprozess relativ einfach oder auch extrem komplex sein, und er gibt maßgeblich die Rahmenbedingungen für die spätere Nutzung, Überwachung und Wartung der Modelle vor.

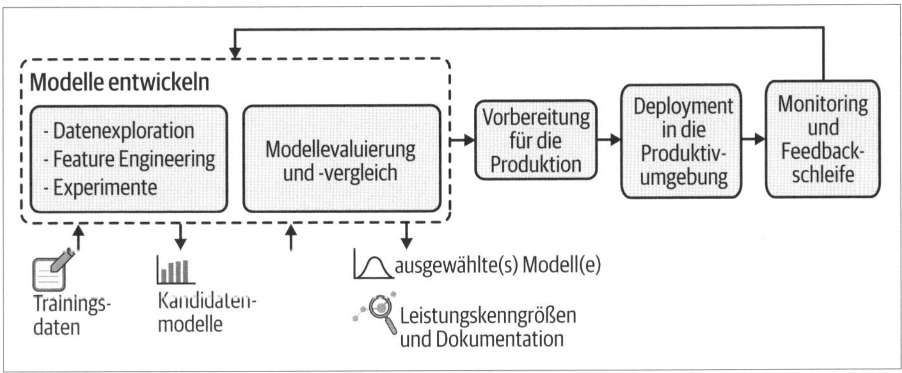

Abbildung 4-1: Die Modellentwicklung im größeren Kontext des ML-Projektlebenszyklus

Die unmittelbaren Auswirkungen der Datenerhebung auf die restliche Lebenszeit eines Modells liegen auf der Hand. Ein Modell wird sicherlich irgendwann veraltet sein. Doch in anderen Bereichen des Lebenszyklus des ML-Modells sind die Auswirkungen vielleicht weniger offensichtlich.

Betrachten Sie zum Beispiel den Prozess des Feature Engineering. Es kann einen großen Unterschied in Bezug auf die Genauigkeit eines Modells bedeuten, ob Sie als Feature das Datum oder eine Indikatorvariable, die lediglich angibt, ob es sich bei dem jeweiligen Tag um einen Feiertag handelt, mit in das Modell aufnehmen. Die Wahl des Features kann in diesem Fall auch mit anderen Einschränkungen bei der Aktualisierung des Modells einhergehen. Oder überlegen Sie, wie Qualitätsmaße, die für die Bewertung und den Vergleich von Modellen verwendet werden, eine automatisierte Nutzung der besten Version ermöglichen können, wenn es die Situation erfordert.

Dieses Kapitel befasst sich daher mit den Grundlagen der Modellentwicklung speziell im Kontext der MLOps-Strategie, also wie Modelle aufgebaut und entwickelt werden können, sodass die MLOps-Strategie später leichter umgesetzt werden kann.

Was genau sind Machine-Learning-Modelle?

ML-Modelle werden sowohl in der Wissenschaft als auch in der Praxis (d. h. im geschäftlichen Kontext) eingesetzt, daher ist es wichtig, zu unterscheiden, wie sie einerseits theoretisch funktionieren und andererseits in der Praxis umgesetzt werden. Tauchen wir nun, aufbauend auf dem, was wir bereits in Kapitel 3 gesehen haben, in diese beiden Bereiche ein.

Theoretischer Hintergrund

Ein ML-Modell ist eine Abbildung der Realität, d. h., es ist eine partielle und ungefähre Repräsentation eines Aspekts (oder mehrerer Aspekte) einer realen Sache oder eines Vorgangs. Welche Aspekte repräsentiert werden, hängt oft davon ab, welche Daten verfügbar und auch nützlich sind. Nachdem ein ML-Modell trainiert wurde, ist es nichts anderes als eine mathematische Formel, die ein Ergebnis liefert, wenn sie mit Eingaben gefüttert wird – z. B. die geschätzte Eintrittswahrscheinlichkeit eines Ereignisses oder den geschätzten Wert in Form einer bloßen Zahl.

ML-Modelle basieren auf der statistischen Theorie, und maschinelle Lernalgorithmen sind die Werkzeuge, mit denen Modelle auf Basis von Trainingsdaten erstellt werden können. Ihr Ziel ist es, eine synthetische Repräsentation der Daten zu finden, mit denen sie gefüttert werden. Diese Daten bilden die reale Welt ab, wie sie zum Zeitpunkt der Datenerhebung war. Sofern die Zukunft der Vergangenheit ähnelt, können ML-Modelle folglich dafür verwendet werden, Vorhersagen zu treffen, da ihre synthetische Repräsentation noch immer gültig ist.

Fähigkeit zu verallgemeinern

Die Fähigkeit von ML-Modellen, akkurate Vorhersagen für Fälle zu treffen, die nicht in den Trainingsdaten enthalten waren, wird als *Generalisierungsfähigkeit* bzw. *Fähigkeit zur Verallgemeinerung* bezeichnet. Beispielsweise ist es sogar möglich, dass diese Modelle Ausgaben hervorbringen, die wie Pferde mit Zebrastreifen aussehen,[1] obwohl derartige Beispiele nicht im Trainingsdatensatz enthalten sind, da ihnen eine Modellierung einer Wahrscheinlichkeitsverteilung zugrunde liegt, die ihnen diese Art von erstaunlicher Generalisierungsfähigkeit ermöglicht.

Die Vorhersage von Immobilienpreisen ist ein gutes Beispiel, um zu veranschaulichen, wie ML-Modelle Vorhersagen treffen und dabei verallgemeinern können. Natürlich hängt der Verkaufspreis einer Immobilie von sehr vielen Faktoren ab, die einfach zu komplex sind, um sie präzise modellieren zu können, doch eine Näherung des Preises zu erhalten, die hinreichend aussagekräftig ist, ist nicht so schwierig. Die Eingabedaten für dieses Modell können Faktoren sein, die der Immobilie selbst zuzuordnen sind, wie z. B. die Fläche, die Anzahl der Schlafzimmer und Bäder, das Baujahr, die Lage usw. Aber auch andere, kontextbezogenere Informationen, wie z. B. der Zustand des Immobilienmarkts zum Zeitpunkt des Verkaufs, ob der Verkäufer unter Verkaufsdruck steht oder Ähnliches, können einbezogen werden. Mit einer ausreichend großen Menge an historischen Daten und unter der Voraussetzung, dass sich die Marktbedingungen nicht zu stark ändern, kann ein Algorithmus eine Formel berechnen, die eine vernünftige Prognose liefert.

Ein weiteres, häufig verwendetes Beispiel ist eine medizinische Diagnose bzw. die Vorhersage, ob jemand eine bestimmte Krankheit innerhalb eines bestimmten Zeitraums entwickeln wird. Bei dieser Art von Modellen, den sogenannten Klassifikationsmodellen, wird oft die Wahrscheinlichkeit eines bestimmten Ereignisses ausgegeben, manchmal auch zusätzlich mit einem Konfidenzintervall.

Einsatz in der Praxis

Ein Modell ist die Menge der Parameter, die zum Nachbilden und Anwenden der Formel notwendig sind. Sie ist in der Regel zustandslos und deterministisch (d. h., die gleichen Eingaben ergeben immer die gleichen Ausgaben, jedoch mit einigen Ausnahmen, siehe den Abschnitt »Online-Learning« auf Seite 112).

Dies schließt die Parameter der eigentlichen Endformel ein, aber auch alle Transformationen, um von den Eingabedaten, mit denen das Modell gefüttert wird, zur endgültigen Formel zu gelangen, die einen Wert sowie die möglichen abgeleiteten Daten (wie eine Klassifizierung bzw. eine Entscheidung) liefert. Angesichts dieser Eigenschaften macht es in der Praxis normalerweise keinen Unterschied, ob das Modell ML-basiert ist oder nicht: Es ist einfach eine berechenbare mathematische Funktion, die auf die Zeilen der Eingabedaten angewandt wird.

Im Beispiel der Immobilienpreise ist es vielleicht nicht möglich, ausreichend Preisinformationen für jede Postleitzahl zu sammeln, um ein Modell zu erhalten, das in

1 Siehe CycleGAN, es basiert auf neuen Forschungsergebnissen von Jun-Yan Zhu, Taesung Park, Phillip Isola und Alexei A. Efros (*https://oreil.ly/7A_qd*).

allen Zielregionen genau genug ist. Stattdessen werden die Postleitzahlen vielleicht durch einige abgeleitete Eingaben ersetzt, von denen man annimmt, dass sie den größten Einfluss auf den Preis haben – z. B. das Durchschnittseinkommen, die Bevölkerungsdichte oder die Nähe zu wichtigen Einrichtungen. Da die Endbenutzer aber weiterhin die Postleitzahl und nicht die abgeleiteten Eingaben angeben, ist diese Transformation ebenfalls Teil des Preismodells.

Außerdem können die Ausgaben wesentlich breiter gefasst sein als eine einzelne Zahl. Ein System, das z. B. Betrugsfälle aufdecken soll, wird oft eine Art Wahrscheinlichkeit (und in manchen Fällen vielleicht auch ein Konfidenzintervall) statt eines binären Ergebnisses liefern. Abhängig davon, wie sehr Betrugsfälle hingenommen werden können, und davon, wie hoch die Kosten für die anschließende Verifizierung oder Verweigerung der Transaktion ausfallen, kann es so eingerichtet sein, dass es nur betrügerische Fälle klassifiziert, bei denen die Wahrscheinlichkeit einen bestimmten, zuvor sorgsam ausgewählten Schwellenwert erreicht. Einige Modelle können sogar Empfehlungen oder Entscheidungen aussprechen, z. B. welches Produkt einem Besucher gezeigt werden soll, um den Kaufanreiz zu maximieren, oder welche Behandlung die größte Wahrscheinlichkeit für eine Genesung bietet.

Alle diese Transformationen und zugehörigen Daten sind bis zu einem gewissen Grad Teil des Modells. Das bedeutet jedoch nicht, dass sie immer in einem monolithischen Paket gebündelt sind, also als ein einziges Artefakt zusammengefasst werden. Das könnte schnell unübersichtlich werden, zumal einige Teile dieser Informationen mit unterschiedlichen Einschränkungen verbunden sind (unterschiedliche Aktualisierungsspannen, externe Quellen usw.).

Erforderliche Komponenten

Der Aufbau eines ML-Modells erfordert zahlreiche Bausteine, wie in Tabelle 4-1 dargelegt wird.

Tabelle 4-1: Erforderliche Komponenten eines Machine-Learning-Modells

ML-Komponente	Beschreibung
Trainingsdaten	Trainingsdaten sind in der Regel mit Labels versehen, die es vorherzusagen gilt (im Fall von Supervised Learning). Es mag offensichtlich erscheinen, aber es ist wichtig, *gute* Trainingsdaten zu haben. Ein anschauliches Beispiel für *schlechte* Trainingsdaten bilden die Daten von beschädigten (aber nicht abgestürzten) Flugzeugen während des Zweiten Weltkriegs (*https://oreil.ly/sssfA*), die unter einem Bias, d. h. einer statistischen Verzerrung, litten, da in den Trainingsdaten keine Beispiele abgestürzter, sondern nur zurückgekehrter Flugzeuge enthalten waren und dadurch die Frage, an welchen Stellen die Panzerung der Flugzeuge verstärkt werden sollte, nicht ohne Weiteres valide beantwortet werden konnte.

Tabelle 4-1: Erforderliche Komponenten eines Machine-Learning-Modells (Fortsetzung)

ML-Komponente	Beschreibung
Qualitätsmaß	Ein Qualitätsmaß (auch als Gütemaß bekannt) ist das, was mit dem zu entwickelnden Modell zu optimieren versucht wird. Es sollte sorgfältig gewählt werden, um unbeabsichtigte Folgen zu vermeiden, wie z. B. den Kobra-Effekt (*https://oreil.ly/DYOss*) (benannt nach einer berühmten Anekdote, in der eine Belohnung für tote Kobras einige dazu verleitete, Kobra zu züchten). Wenn z. B. 95 % der Daten Kategorie A zuzuordnen sind, kann die Optimierung in Bezug auf die Wahl der einfachen Korrektklassifikationsrate ein Modell zur Folge haben, das einfach immer Kategorie A vorhersagt und dadurch diese Kategorie in 95 % aller Fälle korrekt vorhersagt.
ML-Algorithmus	Es gibt eine Vielzahl von Modellen, die auf verschiedene Weise funktionieren und unterschiedliche Vor- und Nachteile haben. Es ist wichtig, zu beachten, dass einige Algorithmen für bestimmte Aufgaben besser geeignet sind als andere, aber ihre Auswahl hängt auch davon ab, was priorisiert werden muss: Genauigkeit, Stabilität, Interpretierbarkeit, Rechenaufwand usw.
Hyperparameter	Hyperparameter dienen der Justierung von ML-Algorithmen. Der Algorithmus enthält die Grundformel, d. h., die *Parameter*, die er erlernt, sind die Rechenoperationen und -größen, aus denen diese Formel für diese spezielle Vorhersageaufgabe besteht. Die *Hyperparameter* entsprechen wiederum den Wegen, die der Algorithmus gehen kann, um diese Parameter zu finden. Bei einem Entscheidungsbaum beispielsweise (in dem die Daten kontinuierlich in zwei Teilgruppen unterteilt werden, je nachdem, was in der Teilmenge, die diesen Weg erreicht hat, der beste Prädiktor zu sein scheint) wäre ein Hyperparameter die Tiefe des Baums (d. h. die Anzahl der Unterteilungen).
Validierungsdatensatz	Bei der Verwendung von gelabelten Daten wird zusätzlich ein Validierungsdatensatz benötigt, der sich vom Trainingsdatensatz unterscheidet, um bewerten zu können, wie das Modell auf zuvor unbekannten Daten abschneidet (d. h., wie gut es generalisieren kann).

Die schiere Anzahl und Komplexität jeder einzelnen Komponente ist ein Teil dessen, was gute MLOPs-Praktiken zu einem anspruchsvollen Unterfangen machen kann.

Unterschiedliche ML-Algorithmen – unterschiedliche MLOps-Herausforderungen

Was ML-Algorithmen allesamt gemeinsam haben, ist, dass sie Muster aus vergangenen Daten modellieren, um Vorhersagen zu treffen. Dabei sind die Qualität und die Relevanz dieser Erfahrungswerte die Schlüsselfaktoren für ihre Wirksamkeit. Der Unterschied besteht darin, dass jede Art von Algorithmus spezifische Charakteristika aufweist und hierdurch auch unterschiedliche Herausforderungen an MLOps stellt (siehe Tabelle 4-2).

Tabelle 4-2: MLOps-Überlegungen je nach Art des Algorithmus

Art des Algorithmus	Bezeichnung	MLOps-Überlegungen
Linear	lineare Regression	Hat die Tendenz, die Daten übermäßig anzupassen, tendiert zur Überanpassung (engl. *Overfitting*).
	logistische Regression	Tendiert zur Überanpassung.

Tabelle 4-2: MLOps-Überlegungen je nach Art des Algorithmus (Fortsetzung)

Art des Algorithmus	Bezeichnung	MLOps-Überlegungen
Baumbasiert	Entscheidungsbaum	Kann instabil sein – kleine Änderungen in den Daten können zu einer großen Änderung in der Struktur des optimalen Entscheidungsbaums führen.
	Random Forest	Vorhersagen können schwer nachzuvollziehen sein, was aus Sicht der Responsible AI eine Herausforderung darstellt. Random Forests können auch relativ langsam bei der Ausgabe von Vorhersagen sein, dies kann für Anwendungen problematisch werden.
	Gradient Boosting	Wie bei Random Forests können die Vorhersagen schwer nachzuvollziehen sein. Außerdem kann eine kleine Änderung in der Auswahl der Features bzw. in den Trainingsdaten zu erheblichen Änderungen im Modell führen.
Deep Learning	(künstliche) neuronale Netzwerke	Hinsichtlich der Interpretierbarkeit sind Deep-Learning-Modelle fast unmöglich nachzuvollziehen. Deep-Learning-Algorithmen, einschließlich neuronaler Netzwerke, beanspruchen sehr viel Zeit zum Trainieren und benötigen eine Menge Energie (und Daten). Lohnen sich die Ressourcen, oder würde ein einfacheres Modell genauso gut funktionieren?

Einige ML-Algorithmen eignen sich besonders für bestimmte Anwendungsfälle, aber auch Governance-Überlegungen können bei der Wahl des Algorithmus eine Rolle spielen. Insbesondere in stark regulierten Branchen, in denen man die Entscheidungsfindung nachvollziehen können muss (z.B. Finanzdienstleistungen), können keine undurchsichtigen Algorithmen wie neuronale Netzwerke verwendet werden. Stattdessen kommen einfachere Methoden infrage, etwa Entscheidungsbäume. In vielen Anwendungsfällen geht man dabei weniger einen Kompromiss hinsichtlich der Genauigkeit ein als vielmehr einen Kompromiss in Bezug auf die Kosten. Das heißt, einfachere Methoden erfordern in der Regel ein aufwendigeres manuelles Feature Engineering, um das gleiche Leistungsniveau wie komplexere Methoden zu erreichen.

Rechenleistung

Wenn man über die Komponenten der Modellentwicklung für maschinelles Lernen spricht, kommt man an der Rechenleistung, die benötigt wird, nicht vorbei. Manch einer sagt, Flugzeuge fliegen dank menschlicher Genialität – aber sie fliegen auch dank einer Menge von Treibstoff. Das gilt ebenso für das Machine Learning: Je geringer die Kosten für Rechenleistung, desto schneller schreitet die Entwicklung voran.

Als die erforderliche Rechenleistung verfügbar wurde, entstanden bei der Entwicklung – ausgehend von der von Hand berechneten linearen Regression im frühen 20. Jahrhundert bis zu den größten Deep-Learning-Modellen von heute – fortwährend neue Algorithmen. Zum Beispiel erfordern gängige Algorithmen wie Random Forest und Gradient Boosting eine Rechenleistung, die vor 20 Jahren noch sehr kostspielig war.

Dafür brachten sie eine Benutzerfreundlichkeit mit sich, die die Kosten für die Entwicklung von ML-Modellen erheblich senkte und so neue Anwendungsfälle in die Reichweite normaler Unternehmen brachte. Der Rückgang der Kosten, die im Zusammenhang mit Daten anfallen, hat ebenfalls geholfen, war aber nicht der stärkste Treiber: Nur sehr wenige Algorithmen nutzen Big-Data-Technologien, bei denen sowohl die Daten als auch die Berechnungen über eine große Anzahl von Computern verteilt sind. Vielmehr arbeiten die meisten von ihnen immer noch mit Modellen, bei denen alle Trainingsdaten auf einmal im Speicher gehalten werden können.

Explorative Datenanalyse

Wenn Data Scientists und Data Analysts Datenquellen in Betracht ziehen, um ein Modell zu trainieren, müssen sie sich zunächst ein Bild davon machen, wie diese Daten aussehen. Selbst ein Modell, das mit dem effektivsten Algorithmus trainiert wurde, ist letztlich nur so gut wie seine Trainingsdaten. In diesem Entwicklungsstadium können zahlreiche Probleme verhindert werden, durch die alle Daten, oder zumindest ein Teil davon, nicht von Nutzen wären, etwa bei unvollständigen, ungenauen oder inkonsistenten Daten.

Die Datenexploration kann folgende Vorgänge umfassen:

- Den Blick in die Dokumentation: Wie wurden die Daten erhoben, und welche Annahmen wurden bereits getroffen?
- Den Blick auf die zusammenfassende Statistik der Daten: Welchen Wertebereich haben die einzelnen Spalten? Gibt es einige Zeilen mit fehlenden Werten? Gibt es offensichtliche Fehler? Seltsame Ausreißer? Überhaupt keine Ausreißer?
- Eine genauere Betrachtung der Verteilung der Daten.
- Bereinigen, Auffüllen, Umformen, Filtern, Stutzen, Ziehen von Stichproben (engl. *Sampling*) usw.
- Prüfen, ob verschiedenen Spalten korreliert sind, Durchführen von statistischen Tests für bestimmte Untergruppen, Verteilungsfunktionen anpassen.
- Den Vergleich der Daten mit anderen Daten oder Modellen in der Literatur: Gibt es sonst übliche Informationen, die zu fehlen scheinen? Sind diese Daten ähnlich verteilt?

Natürlich ist eine gewisse Kenntnis der Domäne erforderlich, um während dieser Exploration fundierte Entscheidungen treffen zu können. Einige Merkwürdigkeiten sind ohne genaue Kenntnisse schwer zu identifizieren, und getroffene Annahmen können Konsequenzen haben, die für das ungeschulte Auge nicht offensichtlich sind. Industrielle Sensordaten sind ein gutes Beispiel dafür: Wenn der Data Scientist nicht auch Maschinenbauingenieur oder ein Branchenexperte ist, weiß er möglicherweise nicht, welche Werte normal sind und welche Werte seltsame Ausreißer für eine bestimmte Maschine darstellen.

Feature Engineering und Feature Selection

Die Daten werden einem Modell in Form von Features zugeführt und dienen dazu, dem Modell Informationen zu geben, die es selbst nicht ableiten kann. Die folgende Tabelle enthält Beispiele dafür, wie Features konzipiert werden können:

Art des Feature Engineering	Beschreibung
Derivate/Ableitungen	Neue Informationen aus vorhandenen Informationen ableiten – z. B. welchem Wochentag entspricht das jeweilige Datum?
Anreicherung (Enrichment)	Neue externe Informationen mit aufnehmen, z. B. ist dieser Tag ein Feiertag?
Codierung	Die gleichen Informationen unterschiedlich darstellen, z. B. genauer Wochentag im Vergleich zur Unterscheidung zwischen Werktag und Wochenende.
Kombination	Verknüpfen Sie Features miteinander – z. B. könnte bei der Bemessung des Arbeitsrückstands nach Komplexität der verschiedenen Aufgaben gewichtet werden.

Wenn zum Beispiel versucht wird, die potenzielle Dauer eines Geschäftsprozesses unter Berücksichtigung des aktuellen Arbeitsrückstands abzuschätzen, ist es üblich, dass eine der Eingaben ein Datum ist, von dem der entsprechende Wochentag abgeleitet wird oder von dem aus ermittelt wird, wie weit der nächste Feiertag von diesem Datum zeitlich entfernt liegt. Wenn das Unternehmen mehrere Standorte bedient, die sich an unterschiedlichen Geschäftskalendern orientieren, kann diese Information ebenfalls wichtig sein.

Anknüpfend an das Immobilienpreis-Beispiel aus dem vorherigen Abschnitt, wäre es im Rahmen der Vorhersage von Immobilienpreisen wünschenswert, das Durchschnittseinkommen und die Bevölkerungsdichte einzubeziehen (anstatt die Daten nur nach Region bzw. Postleitzahl zu segmentieren), wodurch das Modell idealerweise besser verallgemeinern und auf vielfältigeren Daten trainiert werden kann.

Feature-Engineering-Techniken

Für solche ergänzenden Daten existiert ein ganzer Markt, der weit über die offen zugänglichen Daten hinausgeht, die öffentliche Einrichtungen und Unternehmen zur Verfügung stellen. Einige Dienste bieten eine direkte Datenanreicherung, die viel Zeit und Mühe sparen kann.

Es kommt jedoch häufig vor, dass Informationen, die die Data Scientists für ihre Modelle benötigen, nicht verfügbar sind. In diesem Fall gibt es Techniken wie Impact Coding, bei denen Data Scientists einen fehlenden Wert durch den Durchschnittswert der Zielvariablen ersetzen und so dem Modell ermöglichen, von Daten aus einem ähnlichen Wertebereich zu profitieren (auf Kosten eines gewissen Informationsverlusts).

Letztendlich benötigen die meisten ML-Algorithmen als Eingabe eine Tabelle mit numerischen Werten, wobei jede Zeile eine Beobachtung (bzw. ein Datenpunkt oder eine Instanz) darstellt und alle Beobachtungen aus demselben Datensatz stammen. Wenn die Eingabedaten nicht in tabellarischer Form vorliegen, können Data Scientists andere Tricks anwenden, um sie zu transformieren.

Der gebräuchlichste Ansatz hierfür ist die *1-aus-n-Codierung* (engl. *One-Hot-Encoding*). Dabei wird beispielsweise ein Feature, das drei Werte annehmen kann (z.B. Himbeere, Heidelbeere und Erdbeere), in drei Features umgewandelt, die jeweils nur zwei Werte annehmen können: ja oder nein (z.B. Himbeere ja/nein, Heidelbeere ja/nein, Erdbeere ja/nein).

Text- oder Bilddaten erfordern hingegen komplexere Ansätze. Deep Learning hat diesen Bereich in letzter Zeit revolutioniert, indem es Modelle bietet, die Bilder und Text in numerische Tabellen umwandeln, die von ML-Algorithmen verwendet werden können. Diese Tabellen werden *Einbettungen* (*Embeddings*) genannt und ermöglichen Data Scientists, auf Transfer Learning zurückzugreifen, da sie auch in Domänen verwendet werden können, auf die sie nicht trainiert wurden.

Transfer Learning

Transfer Learning ist die Technik der Verwendung von Informationen, die aus der Lösung einer anderen Aufgabe gewonnen wurden. Transfer Learning kann eingesetzt werden, um das Lernen von sekundären oder nachfolgenden Aufgaben erheblich zu beschleunigen. Im Deep Learning ist es deshalb ein sehr beliebter Ansatz, da die zum Trainieren von Modellen benötigten Ressourcen enorm sein können.

Selbst wenn zum Beispiel ein bestimmtes Deep-Learning-Modell auf Bildern trainiert wurde, die keine Gabeln enthalten, kann es eine geeignete Einbettung liefern, die von einem anderen Modell verwendet werden kann, das auf die Erkennung von Gabeln trainiert wird, da eine Gabel ein Objekt ist und das Modell auf die Erkennung ähnlicher von Menschen geschaffener Objekte trainiert wurde.

Wie die Auswahl der Features die MLOps-Strategie beeinflusst

Wenn es um die Erstellung und Auswahl von Features geht, stellt sich regelmäßig die Frage, wie viele verwendet werden sollten. Das Hinzufügen von mehr Features kann zu einem genaueren Modell oder einer größeren Ausgewogenheit bei der Aufteilung in spezifischere Gruppen führen oder andere nützliche fehlende Informationen kompensieren. Es bringt jedoch auch Nachteile mit sich, die allesamt einen erheblichen Einfluss auf die MLOps-Strategie in anderen Phasen des Lebenszyklus haben können:

- Das Modell kann immer aufwendiger zu berechnen werden.
- Mehr Features erfordern mehr Eingabedaten und einen höheren Wartungsaufwand im weiteren Betrieb.
- Mehr Features bedeuten gleichzeitig einen gewissen Verlust an Stabilität.

- Die schiere Anzahl der Features kann Bedenken im Hinblick auf die Privatsphäre aufwerfen.

Durch die Verwendung von Heuristiken kann eine automatisierte Auswahl von Features dabei helfen, abzuschätzen, wie entscheidend einige Features für die Vorhersageleistung des Modells sein werden. Man kann z.B. die Korrelation mit der Zielvariablen betrachten oder schnell ein einfaches Modell auf einer repräsentativen Teilmenge der Daten trainieren und dann analysieren, welche Features die besten Prädiktoren sind.

Welche Eingaben verwendet werden, wie sie codiert werden, wie sie interagieren bzw. sich gegenseitig beeinflussen – solche Entscheidungen erfordern ein gewisses Verständnis der internen Funktionsweise des ML-Algorithmus. Die gute Nachricht ist, dass einige dieser Entscheidungen teilweise automatisiert werden können, z.B. durch den Einsatz von Tools wie Auto-sklearn oder AutoML. Diese vergleichen verschiedene Features für eine gegebene Zielvariable, um abzuschätzen, welche Features, Derivate oder Kombinationen wahrscheinlich die besten Ergebnisse liefern, wobei alle Features weggelassen werden, die wahrscheinlich keinen großen Unterschied hinsichtlich der Qualität des Modells machen würden.

Andere Entscheidungen erfordern immer noch das Zutun des Menschen, z.B. die Entscheidung, ob versucht werden soll, zusätzliche Informationen zu sammeln, die das Modell verbessern könnten. Wenn man Zeit in die Entwicklung von geschäftsorientierten Features investiert, wird die endgültige Leistung oft verbessert und die Akzeptanz durch den Endbenutzer erhöht, da es wahrscheinlich einfacher ist, das Modell zu interpretieren. Auch die Modellierungsverschuldung (engl. *Modeling Debt*) kann so reduziert werden, indem den Data Scientists ermöglicht wird, die wichtigsten Faktoren für die Vorhersage zu erkennen und sicherzustellen, dass sie robust sind. Natürlich gilt es auch hier, einen Kompromiss zwischen dem Zeitaufwand, der benötigt wird, um das Modell zu verstehen, und dem erwarteten Mehrwert sowie den mit der Verwendung des Modells verbundenen Risiken zu finden.

Feature Stores

Feature Factories oder Feature Stores sind Repositories mit verschiedenen Features, die Geschäftseinheiten zugeordnet werden können und die an einem zentralen Ort zur leichteren Wiederverwendung gespeichert werden. Sie kombinieren in der Regel einen Teil, der auf die Entwicklung ausgerichtet ist (langsamer, aber potenziell leistungsfähiger), und einen Teil, der sich auf die Produktion bezieht (schneller und nützlicher für Echtzeitanforderungen) und stellen sicher, dass sie untereinander konsistent bleiben.

Wenn man bedenkt, wie zeitaufwendig das Feature Engineering für Data Scientists ist, haben Feature Stores ein enormes Potenzial, deren Zeit für noch nützlichere Aufgaben freizumachen. Machine Learning ist weiterhin oft die »Hochzinskreditkarte der technischen Schulden« (*https://oreil.ly/IYXUi*). Um dies zu ändern, bedarf es enormer Effizienzsteigerungen im gesamten ML-Lebenszyklus (Daten, Modell, Produktion, MLOps). Und Feature Stores können dazu beitragen.

Als Quintessenz können wir festhalten, dass der Prozess der Entwicklung und der Auswahl von Features bei der Erstellung von Modellen – wie bei vielen anderen ML-Modellkomponenten auch – einen Balanceakt darstellt, da mehr und komplexere Features zwar meist mit einer höheren Modellgenauigkeit einhergehen, aber auch zusätzliche MLOps-Komponenten erfordern.

Experimente

Während des gesamten Modellentwicklungsprozesses werden Experimente bzw. Versuche durchgeführt. In der Regel ist jede wichtige Entscheidung oder Annahme mit mindestens einem Experiment oder einer vorherigen Forschung verbunden, um sie zu rechtfertigen. Experimente können viele Formen annehmen, von der Erstellung vollwertiger prädiktiver ML-Modelle bis hin zur Durchführung statistischer Tests oder der Visualisierung von Daten. Zu den Zielen des Experimentierens gehören:

- Die Beurteilung, wie nützlich oder wie gut ein Modell unter Berücksichtigung der in Tabelle 4-1 beschriebenen Komponenten erstellt werden kann. (Der nächste Abschnitt befasst sich ausführlicher mit der Bewertung und dem Vergleich von Modellen).
- Finden der besten Modellparameter (Algorithmen, Hyperparameter, Vorverarbeitung von Features usw.).
- Optimierung des Zielkonflikts zwischen Verzerrung (Bias) und Varianz für einen gegebenen Trainingsaufwand, um dieser Definition von »am besten« zu entsprechen.
- Abwägen zwischen Modellverbesserung und geringeren Kosten für den Rechenaufwand. (Da es immer Raum für Verbesserungen gibt, wie gut ist gut genug?)

Bias und Varianz

Ein Modell mit einem großen Bias bzw. einer starken Verzerrung (auch bekannt als *Underfitting*, zu Deutsch Unteranpassung) erfasst einige der Regeln nicht, die aus den Trainingsdaten hätten gelernt werden können, und zwar möglicherweise aufgrund von einschränkenden Annahmen, die das Modell zu stark vereinfachen.

Ein Modell mit hoher Varianz (*Overfitting*) sieht Muster im Rauschen in den Daten und versucht, jede einzelne Streuung vorherzusagen. Dies führt zu einem komplexen Modell, das nicht ausreichend über seine Trainingsdaten hinaus verallgemeinern kann.

Beim Experimentieren müssen Wissenschaftler in der Lage sein, schnell alle Möglichkeiten für jeden der in Tabelle 4-1 skizzierten Modellbausteine durchzugehen. Glücklicherweise gibt es Tools, die all dies halb automatisch erledigen, wobei Sie nur abhängig vom Vorwissen (Was erscheint sinnvoll?) und den Einschränkungen (z.B. Rechenaufwand, Budget) festlegen müssen, was getestet werden soll (den Möglichkeitsraum).

Einige Tools ermöglichen eine noch stärkere Automatisierung, indem sie z.B. ein stratifiziertes Modelltraining unterstützen. Angenommen, das Unternehmen möchte die Kundennachfrage nach bestimmten Produkten vorhersagen, um den Lagerbestand zu optimieren, doch das Kundenverhalten variiert stark von einer Filiale zur nächsten. Durch eine stratifizierte Modellierung ist es möglich, ein Modell pro Filiale zu trainieren, das für jede Filiale besser optimiert werden kann, als ein einziges Modell, mit dem versucht wird, Vorhersagen für alle Filialen zu treffen.

Alle Kombinationen aller möglichen Hyperparameter, Features usw. auszuprobieren, kann schnell unübersichtlich werden. Daher ist es sinnvoll, ein Zeit- und/oder Rechenbudget für die Experimente sowie eine Akzeptanzschwelle für die Nützlichkeit des Modells zu definieren (mehr zu diesem Begriff im nächsten Abschnitt).

Der gesamte Prozess – oder zumindest ein Teil davon – muss unter Umständen jedes Mal wiederholt werden, wenn sich die Situation ändert (insbesondere dann, wenn sich die Daten und/oder die Randbedingungen signifikant ändern, siehe den Abschnitt »Drift-Erkennung in der Praxis« auf Seite 118). Letztendlich bedeutet dies, dass alle Experimente, die den Data Scientists als Grundlage für die endgültigen Entscheidungen dienten, um das Modell zu erstellen, sowie alle Annahmen und Schlussfolgerungen auf dem Weg dorthin möglicherweise erneut durchgeführt und überprüft werden müssen.

Glücklicherweise ermöglichen immer mehr Data-Science- und Machine-Learning-Plattformen die Automatisierung dieser Arbeitsabläufe – und dies nicht nur beim ersten Durchlauf, da sie auch die Möglichkeit bieten, alle Verarbeitungsprozesse wiederzuverwenden. Einige erlauben auch die Verwendung einer Versionskontrolle und die Nutzung experimenteller Branches, um Theorien zu testen und sie dann zusammenzuführen, zu verwerfen oder beizubehalten (siehe den Abschnitt »Versionsverwaltung und Reproduzierbarkeit« auf Seite 75).

Modelle evaluieren und vergleichen

George E. P. Box, ein britischer Statistiker des 20. Jahrhunderts, sagte einmal, dass alle Modelle falsch sind, aber einige nützlich. Mit anderen Worten, ein Modell sollte nicht darauf abzielen, perfekt zu sein. Vielmehr muss es die Messlatte von »gut genug, um nützlich zu sein« überschreiten und gleichzeitig möglichen Problemen keinen Vorschub leisten – wie beispielsweise ein Modell, das zwar insgesamt so *erscheint*, als würde es seine Aufgabe gut erfüllen, aber dennoch eine schlechte (oder katastrophale) Leistung für eine bestimmte Teilmenge von Fällen aufweist (sagen wir, für eine unterrepräsentierte Gruppe von Personen).

Vor diesem Hintergrund ist es wichtig, ein Modell möglichst kontextbezogen zu evaluieren und eine Möglichkeit zu haben, es mit dem zu vergleichen, was vor dem Modell existierte – sei es ein vorheriges Modell oder ein regelbasierter Prozess –, um eine Vorstellung davon zu bekommen, wie das Ergebnis aussehen würde, wenn das aktuelle Modell oder der Entscheidungsprozess durch das neue Modell ersetzt würde.

Ebenso kann ein Modell mit einer insgesamt enttäuschenden Leistung in bestimmten Situationen dennoch vorteilhaft sein. Zum Beispiel kann eine etwas genauere Vorhersage der Nachfrage nach einem bestimmten Produkt oder einer Dienstleistung zu einer enormen Kosteneinsparung führen.

Umgekehrt ist ein Modell, das hinsichtlich des gewählten Qualitätsmaßes perfekt erscheint, verdächtig, da die Daten bei den meisten Problemstellungen ein gewisses Rauschen aufweisen, das an sich schwer vorherzusagen ist. Ein perfektes oder fast perfektes Ergebnis kann ein Zeichen dafür sein, dass es ein Leck in den Daten gibt (d.h., dass die vorherzusagende Zielvariable auch in den Eingabedaten enthalten ist oder dass ein Feature sehr stark mit der Zielvariablen korreliert, aber praktisch nur verfügbar ist, wenn der Wert der Zielvariablen bekannt ist) oder dass das Modell die Trainingsdaten zu stark anpasst und nicht gut verallgemeinert.

Ein geeignetes Qualitätsmaß auswählen

Je nach Auswahl des Qualitätsmaßes, das für die Bewertung und den Vergleich verschiedener Modelle genutzt wird, kann die Wahl des Modells sehr unterschiedlich ausfallen (denken Sie an den Kobra-Effekt, der in Tabelle 4-1 erwähnt wurde). Ein einfaches Beispiel: Die Korrektklassifikationsrate wird oft für Klassifikationsaufgaben herangezogen, die automatisiert gelöst werden sollen, ist aber selten die beste Wahl, wenn die Kategorien unausgewogen sind (d.h., wenn eines der Ergebnisse im Vergleich zu den anderen sehr unwahrscheinlich ist). Bei einer binären Klassifikationsaufgabe, bei der die positive Klasse (d.h. diejenige, deren Vorhersage von Interesse ist, da sie eine bestimmte Wirkung hervorruft) selten ist, z.B. nur in 5 % aller Fälle, weist ein Modell, das immer die negative Klasse vorhersagt, daher eine Korrektklassifikationsrate von 95 % auf, ist aber dennoch völlig nutzlos.

Unglücklicherweise gibt es kein universelles Qualitätsmaß, das immer passt. Sie müssen sich für eins entscheiden, das zur jeweiligen Aufgabenstellung passt. Das bedeutet, dass Sie die Grenzen und Kompromisse des Maßes (die mathematische Seite) und seine Auswirkungen auf die Optimierung des Modells (die geschäftliche Seite) verstehen müssen.

Um eine Vorstellung davon zu bekommen, wie gut ein Modell verallgemeinern kann, sollte dieses Maß auf einem Teil der Daten validiert werden, der nicht für das Training des Modells verwendet wurde (einem sogenannten Hold-out-Datensatz); diese Methode wird *Cross-Testing* genannt. Es kann mehrere Schritte geben, bei denen ein Teil der Daten für die Validierung zurückgehalten und der Rest für das Training bzw. die Optimierung verwendet wird, z.B. um das verwendete Maß zu validieren oder die Hyperparameter zu optimieren. Auch hier gibt es verschiedene Strategien, die infrage kommen – nicht unbedingt nur eine einfache Unterteilung der Daten. Bei der *k*-fachen Kreuzvalidierung zum Beispiel variieren die Data Scientists die Daten, die sie zum Validieren und Trainieren nutzen, mehrfach. Das vervielfacht zwar die zum Trainieren benötigte Zeit, vermittelt aber einen guten Eindruck davon, wie stabil sich das Qualitätsmaß hinsichtlich verschiedener Datensätze verhält.

Wenn die Daten nur einfach unterteilt werden, kann der Hold-out-Datensatz aus den aktuellsten Beobachtungen bestehen anstatt aus zufällig ausgewählten Beobachtungen. Da Modelle in der Regel zu Zwecken der Vorhersage verwendet werden, ist es wahrscheinlich, dass die Beurteilung der Modelle anhand der aktuellsten Daten zu realistischeren Einschätzungen führt. Außerdem kann man so beurteilen, ob die Daten zwischen dem Trainings- und dem Hold-out-Datensatz eine Diskrepanz (Drift) aufweisen (siehe den Abschnitt »Drift-Erkennung in der Praxis« auf Seite 118 für weitere Details).

Als Beispiel zeigt Abbildung 4-2 eine Strategie, bei der ein Testdatensatz als Hold-out-Datensatz (rechts in Dunkelgrau) zur Bewertung verwendet wird. Die verbleibenden Daten werden in drei Teile aufgeteilt, um die beste Kombination aus Hyperparameterwerten zu finden, indem das Modell dreimal mit einer gegebenen Kombination auf jedem der mittelgrauen Datensätze trainiert und seine Leistung jeweils auf den hellgrauen Datensätzen validiert wird. Der dunkelgraue Datensatz wird nur einmal mit der besten Hyperparameterkombination verwendet, während die anderen Datensätze mit allen verwendet werden.

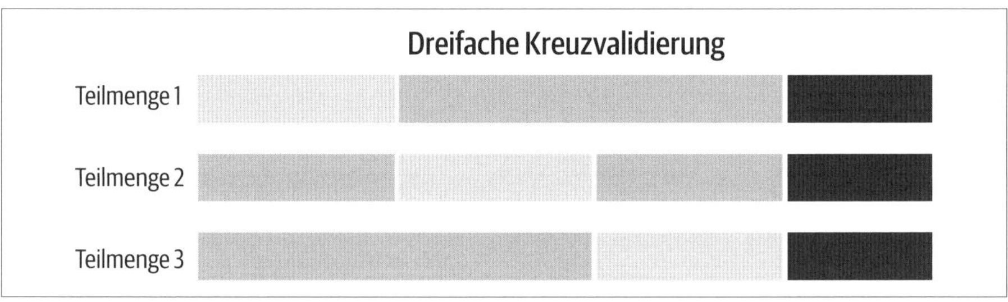

Abbildung 4-2: Ein Beispiel für die Aufteilung der Daten in verschiedene Datensätze zur Nutzung im Rahmen der Modellbewertung

Oft möchten Data Scientists Modelle mit denselben Algorithmen, Hyperparametern, Features usw. regelmäßig neu trainieren, allerdings auf aktuelleren Daten. Dazu werden im nächsten Schritt die beiden Modelle selbstverständlich verglichen, um zu sehen, wie die neuere Version abschneidet. Aber es ist auch wichtig, sicherzustellen, dass alle vorherigen Annahmen immer noch zutreffen: dass sich die Aufgabenstellung nicht grundlegend verändert hat, dass die zuvor getroffenen Modellierungsentscheidungen immer noch zu den Daten passen usw. Dies ist insbesondere Teil des Leistungs- und Drift-Monitorings (weitere Details hierzu finden Sie in Kapitel 7).

Gegenprüfen des Modellverhaltens (Cross-Checking)

Jenseits bloßer Qualitätsmaße ist es bei der Bewertung eines Modells von entscheidender Bedeutung, zu verstehen, wie es sich verhalten wird. Je nach Auswirkung der Vorhersagen, Entscheidungen oder Klassifizierungen des Modells kann ein mehr oder weniger tiefes Verständnis unabdingbar sein. Beispielsweise sollten Data Scientists angemessene Schritte (in Bezug auf diese Auswirkungen) unternehmen, um sicherzustellen, dass das Modell nicht von sich aus Schaden verursacht: Ein Modell, das vorhersagt, dass *alle* Patienten von *einem* Arzt untersucht werden müssen, kann zwar theoretisch im Hinblick auf die Vorbeugung punkten, nicht aber bei der realistischen Ressourcenzuweisung.

Beispiele für solche angemessenen Schritte sind:

- Gegenprüfen verschiedener Qualitätsmaße (und nicht nur der Maße, auf die das Modell ursprünglich optimiert wurde).
- Prüfen, wie das Modell auf verschiedene Eingaben reagiert – z.B. die durchschnittliche Vorhersage (oder Wahrscheinlichkeit bei Klassifikationsmodellen) für verschiedene Werte einiger Eingabedaten erfassen und sehen, ob es Unregelmäßigkeiten oder extreme Schwankungen gibt.
- Aufteilen der Daten hinsichtlich einer bestimmten Dimension und Überprüfen der Unterschiede im Verhalten und in den Qualitätsmaßen zwischen verschiedenen Untergruppen – ist z.B. die Irrtums- bzw. Fehlerrate bei männlichen und weiblichen Personen die gleiche?

Diese Art von globalen Analysen sollten nicht im Sinne eines kausalen Zusammenhangs verstanden werden, sondern lediglich als Korrelation. Sie implizieren nicht unbedingt einen spezifischen kausalen Zusammenhang zwischen einigen Variablen und einem Ergebnis. Sie zeigen lediglich, wie das *Modell* diesen Zusammenhang sieht. Mit anderen Worten: Das Modell sollte mit Bedacht für Was-wäre-wenn-Analysen verwendet werden. Wenn der Wert eines Features geändert wird, ist die Modellvorhersage wahrscheinlich falsch, wenn der neue Wert des Features noch nie im Trainingsdatensatz vorkam oder wenn er noch nie in Kombination mit den Werten der anderen Features in diesem Datensatz auftauchte.

Beim Vergleich von Modellen sollten diese verschiedenen Aspekte für Data Scientists zugänglich sein, da sie in der Lage sein müssen, eine tiefgreifendere Analyse anzustellen, als nur ein einzelnes Maß zu hinterfragen. Das bedeutet, dass die gesamte Umgebung (interaktive Tools, Daten usw.) für alle Modelle verfügbar sein muss, um idealerweise einen Vergleich aus allen Blickwinkeln und zwischen allen Komponenten zu ermöglichen. Zum Beispiel könnte zur Aufdeckung einer Veränderung in der Struktur der Daten dasselbe Setting, aber unterschiedliche Daten verwendet werden, oder es könnten zur Beurteilung der Genauigkeit des Modells dieselben Daten, aber ein unterschiedliches Setting genutzt werden.

Auswirkungen von Responsible AI auf die Modellentwicklung

Je nach Situation (und manchmal abhängig von der Branche bzw. dem Unternehmensbereich) müssen Data Scientists zusätzlich zu einem allgemeinen Verständnis des Modellverhaltens auch die einzelnen Vorhersagen der Modelle erklären können, und sie müssen wissen, welche spezifischen Features die Vorhersage in die eine oder die andere Richtung treiben. Manchmal können die Vorhersagen für einen bestimmten Datenpunkt ganz anders ausfallen als im Durchschnitt. Beliebte Methoden zur Berechnung individueller Vorhersagen sind der Shapley-Wert (der durchschnittliche marginale Beitrag eines Features hinsichtlich aller möglichen Kombinationen) und individuelle bedingte Erwartungswertberechnungen, sogenannte *Individual Conditional Expectations* (ICE), die die Abhängigkeit zwischen der Zielvariablen und den jeweiligen Features zeigen.

Zum Beispiel könnte der gemessene Spiegel eines bestimmten Hormons ein Modell im Allgemeinen dazu veranlassen, vorherzusagen, dass jemand ein gesundheitliches Problem hat, aber bei einer schwangeren Frau lässt dieser Hormonspiegel das Modell darauf schließen, dass sie kein solches Risiko hat. Einige rechtliche Rahmenbedingungen schreiben eine bestimmte Form der Erklärbarkeit für Entscheidungen vor, die von einem Modell getroffen werden und Auswirkungen auf Individuen haben, wie z.B. bei der Empfehlung, einen Kredit nicht zu gewähren. Im Abschnitt »2. Element: Bias« auf Seite 140 wird dieses Thema noch konkreter behandelt.

Beachten Sie, dass der Begriff der Erklärbarkeit (*Explainability*) mehrere Dimensionen umfasst. Insbesondere neuronale Netzwerke werden aufgrund ihrer Komplexität manchmal als *Black-Box-Modelle* bezeichnet (hinsichtlich der Modellkoeffizienten ist das Modell zwar vollständig spezifiziert, und es handelt sich in der Regel um eine konzeptionell bemerkenswert einfache Formel – aber es ist eine sehr große Formel, die intuitiv nicht mehr zu erfassen ist). Umgekehrt gibt es globale und lokale Hilfsmittel, die der Erklärung dienen – wie z.B. partielle Abhängigkeitsdiagramme oder Shapley-Wert-Berechnungen. Sie geben zwar einen besseren Einblick, aber sie sorgen tendenziell nicht dafür, dass das Modell intuitiv nachvollziehbar wird. Um tatsächlich ein grundlegendes und intuitives Verständnis dessen zu erhalten, was genau das Modell tut, ist es erforderlich, die Modellkomplexität zu begrenzen.

Ebenso können Fairnessanforderungen die Konzeptionierung während der Modellentwicklung beschränken. Um besser zu verstehen, was auf dem Spiel steht, wenn es um einen Bias geht, betrachten Sie dieses theoretische Beispiel: Nehmen wir an, ein in den USA ansässiges Unternehmen stellt regelmäßig Personen ein, die die gleichen Arten von Aufgaben erledigen. Data Scientists könnten hier ein Modell trainieren, um die Leistung der Mitarbeiter anhand verschiedener Features vorherzusagen, und die Mitarbeiter würden dann basierend auf der Wahrscheinlichkeit eingestellt, dass sie leistungsstarke Mitarbeiter sind.

Obwohl dies eine einfache Aufgabe zu sein scheint, birgt sie leider einige Tücken. Um diese Problemstellung komplett hypothetisch zu machen und es von den Komplexitäten und Problemen der realen Welt zu lösen, setzen wir voraus, dass jede und jeder in der arbeitenden Bevölkerung einer der aus Star Wars bekannten zwei Gruppen angehört: Weequay oder Togruta.

Für dieses hypothetische Beispiel sei angenommen, dass der überwiegende Teil der Bevölkerung von Weequay die Universität besucht. Auf Anhieb würde es einen anfänglichen Bias zugunsten von Weequay geben (verstärkt durch die Tatsache, dass sie ihre Fähigkeiten durch jahrelange Erfahrung entwickeln konnten).

Infolgedessen gäbe es nicht nur mehr Weequay als Togruta im Bewerberpool – die Weequay-Bewerber wären tendenziell auch qualifizierter. Der Arbeitgeber muss im Laufe des kommenden Monats zehn Personen einstellen. Was sollte er tun?

- Als Arbeitgeber, der auf Chancengleichheit achtet, sollte er, soweit er es selbst in der Hand hat, die Fairness seines Einstellungsverfahrens sicherstellen. Das bedeutet, dass es rein rechnerisch für jeden Bewerber unter sonst gleichen Voraussetzungen nicht von seiner Gruppenzugehörigkeit (Weequay oder Togruta) abhängen sollte, ob er eingestellt wird (oder nicht). Dies führt jedoch zu einem Bias, da die Personen aus Weequay durchschnittlich besser qualifiziert sind. Beachten Sie, dass »unter sonst gleichen Voraussetzungen« auf verschiedene Arten interpretiert werden kann. Die übliche Interpretation ist, dass das Unternehmen wahrscheinlich nicht für Prozesse verantwortlich gemacht werden kann, auf die es keinen Einfluss hat.
- Der Arbeitgeber muss unter Umständen auch benachteiligende Auswirkungen (engl. *Disparate Impact*, aus dem US-Arbeitsrecht) vermeiden, d.h. insbesondere Beschäftigungspraktiken, bei denen eine Gruppe von Personen mit einem gesetzlich geschützten Merkmal stärker benachteiligt wird als eine andere. Ob es zu benachteiligenden Auswirkungen kommt, wird an Untergruppen und nicht an Einzelpersonen beurteilt. Praktisch gesehen, wird beurteilt, ob das Unternehmen – auf ein gewisses Verhältnis bezogen – genauso viele Weequay wie Togruta eingestellt hat. Auch hier kann sich das angestrebte Verhältnis auf die Bewerberzahlen oder auf die allgemeine Bevölkerungsverteilung beziehen, wobei Ersteres wahrscheinlicher ist, da das Unternehmen auch hier nicht für Verzerrungen (Biases) in Prozessen verantwortlich gemacht werden kann, die außerhalb seiner Einflussmöglichkeiten liegen.

Beide Ziele – Chancengleichheit und disparate Auswirkungen – schließen sich gegenseitig aus. In diesem Szenario führte die Chancengleichheit dazu, dass 60 % (oder mehr) Weequay und 40 % (oder weniger) Togruta eingestellt würden, weil die Weequay durchschnittlich besser qualifiziert sind. Infolgedessen hat der Prozess eine disparate Auswirkung auf beide Bevölkerungsgruppen, da die Einstellungsraten unterschiedlich sind.

Im Umkehrschluss bedeutet dies, dass, würde der Prozess so korrigiert werden, dass 40 % der eingestellten Personen Togruta sind, um disparate Auswirkungen zu vermeiden, es gleichzeitig zur Folge hätte, dass einige abgelehnte Weequay als qualifizierter vorhergesagt würden als einige angenommene Togruta-Bewerber (was im Grunde einer Chancengleichheit widerspricht).

Es muss einen Kompromiss geben – ein Art Regel, die manchmal als 80-%-Regel bezeichnet wird. In diesem Beispiel würde die 80-%-Regel bedeuten, dass die Einstellungsrate für Togruta gleich oder größer als 80 % der Einstellungsrate der Weequay sein sollte. Hier bedeutete dies, dass es in Ordnung wäre, bis zu 65 % Personen aus Weequay einzustellen.

Der springende Punkt dabei ist, dass die Definition dieser Zielgrößen keine Entscheidung sein kann, die von Data Scientists allein getroffen wird. Aber selbst wenn die Zielgrößen einmal definiert sind, kann auch die Umsetzung selbst problematisch sein:

- Wenn Data Scientists keine Anhaltspunkte haben, versuchen sie natürlich, Modelle zu erstellen, die eine Chancengleichheit bieten. Schließlich entwickeln sie Modelle, die Daten aus der realen Welt abbilden. Die meisten Tools, die Data Scientists einsetzen, versuchen genau dies zu erreichen, weil es schlichtweg die mathematisch fundierteste Option ist. Dennoch ist es möglich, dieses Ziel zu erreichen und dabei nicht gesetzeskonform zu handeln. Der Data Scientist könnte sich zum Beispiel dafür entscheiden, zwei unabhängige Modelle zu implementieren: eines für Weequay und eines für Togruta. Dies könnte ein vernünftiger Weg sein, um die Verzerrungen zu beheben, die durch einen Trainingsdatensatz verursacht werden, in dem Bewerber aus Weequay überrepräsentiert sind. Dennoch würde es zu einer ungleichen Behandlung der beiden Bevölkerungsgruppen führen, die durchaus als diskriminierend angesehen werden könnte.
- Damit Data Scientists ihre Tools so verwenden können, wie sie konzipiert wurden (also um die Welt so zu modellieren, wie sie ist), können sie beschließen, die Vorhersagen so nachzubearbeiten, dass sie zur Weltanschauung des Unternehmens passen. Der einfachste Weg dafür ist, einen höheren Schwellenwert für Weequay als für Togruta zu wählen. Der unterschiedliche Schwellenwert wird einen Kompromiss zwischen »Chancengleichheit« und »gleicher Auswirkung« ermöglichen. Er kann jedoch aufgrund der ungleichen Behandlung immer noch als diskriminierend angesehen werden.

Es ist unwahrscheinlich, dass Data Scientists in der Lage sind, dieses Problem allein zu lösen (siehe den Abschnitt »Schlüsselelemente von Responsible AI« auf Seite 140 für eine umfassendere Erläuterung). Dieses einfache Beispiel veranschaulicht die Komplexität des Themas, das sich sogar noch komplexer gestalten kann, wenn man bedenkt, dass es viele geschützte Merkmale geben kann, und wenn man sich die Tatsache vor Augen führt, dass Verzerrungen (Biases) sowohl in geschäftlicher wie als auch in technischer Hinsicht zu hinterfragen sind.

Folglich hängt die Lösung stark vom Kontext ab. So ist das Beispiel von Weequay und Togruta repräsentativ für Prozesse, die bestimmte Vorteile bieten. Die Situation ist anders, wenn der Prozess negative Auswirkungen auf den Benutzer hat (wie bei der Betrugsvorhersage, die zur Ablehnung von Transaktionen führt) oder neutral ist (wie eine Krankheitsdiagnose).

Versionsverwaltung und Reproduzierbarkeit

Geht es um die Bewertung und den Vergleich von Modellen (aus Gründen der Fairness, wie unmittelbar zuvor erläutert, aber auch aus einer Reihe anderer Faktoren), stellt sich zwangsläufig die Frage, wie sich die verschiedenen Modellversionen verwalten und reproduzieren lassen. Um mehrere Versionen von Modellen zu erstellen, zu testen und zu iterieren, müssen Data Scientists auch in der Lage sein, alle Versionen zu verwalten.

Mit der Versionsverwaltung und der Reproduzierbarkeit werden zwei unterschiedliche Belange adressiert:

- Während der Experimentierphase kann es vorkommen, dass Data Scientists zwischen verschiedenen Entscheidungen hin und her springen, verschiedene Kombinationen ausprobieren und wieder auf vorherige Versionen zurückgreifen, wenn die Experimente nicht die gewünschten Ergebnisse liefern. Dafür muss es möglich sein, zu verschiedenen *Branches* der Experimente zurückzukehren – um zum Beispiel einen früheren Projektstand wiederherzustellen, wenn Experimente in eine Sackgasse geführt haben.
- Data Scientists oder andere Akteure (Auditoren, Manager usw.) müssen möglicherweise in der Lage sein, die entsprechenden Modellberechnungen, die zum Deployment des Modells geführt haben, für ein Audit-Team mehrere Jahre nach dem ersten Experiment reproduzieren zu können.

Sofern alles auf Programmcode basiert, ist das Problem der Versionierung mithilfe von Technologien zur Versionskontrolle des Quellcodes weitestgehend gelöst. Moderne Datenverarbeitungsplattformen bieten in der Regel ähnliche Funktionen für Datentransformationspipelines, Modellkonfiguration usw. Das Zusammenführen (*Merging*) mehrerer Teile ist natürlich weniger einfach als das Zusammenführen von leicht abweichendem Programmcode, aber im Grunde geht es darum, zu einem bestimmten Experiment zurückkehren zu können, und sei es nur, um dessen Setting kopieren zu können, um es in einem anderen Branch zu übernehmen.

Eine weitere sehr wichtige Eigenschaft eines Modells ist seine Reproduzierbarkeit. Nach vielen Experimenten und Optimierungen kommen Data Scientists vielleicht zu einem Modell, das den Anforderungen entspricht. Anschließend erfordert die Operationalisierung jedoch die Reproduktion des Modells nicht nur in einer anderen Umgebung, sondern möglicherweise auch von einem anderen Ausgangspunkt aus. Außerdem macht die Reproduzierbarkeit das Debuggen viel einfacher (manchmal sogar simpel). Zu diesem Zweck muss ein Modell mit all seinen Facetten dokumentiert und wiederverwendbar sein, das Folgende eingeschlossen:

Annahmen
: Wenn Data Scientists Entscheidungen und Annahmen über das vorliegende Problem, dessen Reichweite, die Daten usw. treffen, sollten allesamt konkretisiert und protokolliert werden, damit sie später mit neuen Informationen abgeglichen werden können.

Zufälligkeit
: Viele ML-Algorithmen und -Verfahren, wie z.B. Stichprobenziehungsverfahren (*Sampling*), verwenden Pseudo-Zufallszahlen. Ein Experiment exakt reproduzieren zu können, z.B. zur Fehleranalyse, bedeutet, diese Pseudo-Zufälligkeit kontrollieren zu können, meist durch die Festlegung des »Seeds« des Generators (d.h., derselbe Generator, der mit demselben Seed initialisiert wurde, würde dieselbe Folge von Pseudo-Zufallszahlen liefern).

Daten
: Um die Reproduzierbarkeit zu gewährleisten, müssen dieselben Daten vorhanden sein. Das kann manchmal schwierig sein, weil die für die Versionierung von Daten erforderliche Speicherkapazität je nach Häufigkeit der Aktualisierung und Größe unerschwinglich sein kann. Außerdem gibt es für die Versionierung von Daten noch keine Tools mit einem so umfassenden Ökosystem wie für die Versionierung von Code.

Setting
: Dies ist selbstverständlich: Alle durchgeführten Verarbeitungsschritte müssen mit dem identischen Setting (Parameter usw.) reproduzierbar sein.

Ergebnisse
: Während Entwickler Merging-Tools verwenden, um verschiedene Versionen von Dateien zu vergleichen und zusammenzuführen, müssen Data Scientists in der Lage sein, eingehende Analysen von Modellen (von Konfusionsmatrizen bis hin zu partiellen Abhängigkeitsdiagrammen) zu vergleichen, um Modelle zu erhalten, die den Anforderungen entsprechen.

Implementierung
: Geringfügig unterschiedliche Implementierungen eines Modells können zu unterschiedlichen Modellen führen, sodass sich für einige Beobachtungen die Vorhersagen ändern. Je ausgefeilter ein Modell ist, desto höher ist die Wahrscheinlichkeit, dass solche Abweichungen auftreten. Andererseits unterliegt ein Modell zur Vorhersage ganzer Datensätze im großen Stil anderen Beschränkungen als die Vorhersage eines einzelnen Datenpunkts mittels einer API in Echtzeit, sodass unterschiedliche Implementierungen für dasselbe Modell teils gerechtfertigt sein können. Beim Debuggen und Vergleichen der Modelle müssen Data Scientists die entsprechenden Unterschiede jedoch im Hinterkopf behalten.

Umgebung

Angesichts aller in diesem Kapitel beschriebenen Komponenten ist es klar, dass ein Modell nicht nur aus seinem Algorithmus und seinen Parametern besteht. Von der Datenaufbereitung bis zur Auswertung von Daten (einschließlich der Auswahl von Features, der Codierung der Features, der Datenanreicherung usw.) kann auch die Umgebung, in der mehrere dieser Schritte ablaufen, mehr oder weniger implizit mit den Ergebnissen verbunden sein. So kann zum Beispiel eine geringfügig andere Version eines Python-Pakets, das in einen Arbeitsschritt eingebunden ist, die Ergebnisse auf schwer vorhersehbare Weise verändern. Data Scientists sollten vor allem darauf achten, dass auch die Laufzeitumgebung reproduzierbar ist. Angesichts der Geschwindigkeit, mit der sich ML entwickelt, könnte dies Maßnahmen erfordern, mit denen die Laufzeitumgebung festgehalten (*gefreezt*) werden kann.

Glücklicherweise kann ein Teil der zugrunde liegenden Dokumentationsaufgaben, die mit der Versionierung und Reproduzierbarkeit verbunden sind, automatisiert werden. Zudem kann die Verwendung einer integrierten Plattform für die Entwicklung und das Deployment die Kosten für die Reproduzierbarkeit erheblich senken, da ein strukturierter Informationstransfer sichergestellt wird.

Obwohl dies vielleicht nicht der attraktivste Teil der Modellentwicklung ist, sind Versionsmanagement und Reproduzierbarkeit in der Praxis – wo Governance, insbesondere im Rahmen der Auditierung, eine Rolle spielt – entscheidend für den erfolgreichen Einsatz von Machine Learning.

Abschließende Überlegungen

Die Modellentwicklung gehört zu den kritischsten und folgenreichsten Schritten im Rahmen von MLOps. Die vielen technischen Fragen, die in dieser Phase notwendigerweise geklärt werden müssen, haben große Auswirkungen auf alle Aspekte der MLOps-Prozesse während der gesamten Lebensdauer der Modelle. Daher sind Offenlegung, Transparenz und Zusammenarbeit entscheidend für den langfristigen Erfolg.

Die Modellentwicklung ist auch die Phase, die zum größten Teil von den Data Scientists getragen wird. In der Zeit vor der Einführung von MLOps-Praktiken machte sie oft den gesamten Aufwand in einem ML-Projekt aus, und das entwickelte Modell wurde dann meist so verwendet, wie es war (mit all seinen Konsequenzen und Einschränkungen).

KAPITEL 5

Vorbereitung für die Produktion

Joachim Zentici

Die Gewissheit, dass etwas in einem experimentellen Rahmen funktioniert, ist keine Garantie dafür, dass es das auch in der Praxis tut. Nicht nur, dass sich die Produktivumgebung in der Regel stark von der Entwicklungsumgebung unterscheidet, auch die kommerziellen Risiken sind bei sich im Produktiveinsatz befindlichen Modellen bedeutend größer. Es ist wichtig, dass die Komplexität bei der Überführung in die Produktivumgebung berücksichtigt wird und Tests durchlaufen werden, sodass die potenziellen Risiken in ausreichendem Maße gemindert werden können.

Dieses Kapitel beleuchtet die Schritte, die zur Vorbereitung für die Produktion erforderlich sind (im Kontext des gesamten Lebenszyklus in Abbildung 5-1 speziell hervorgehoben). Dabei wird ein besonderes Augenmerk auf die Elemente gelegt, die für belastbare MLOps-Systeme unabdingbar sind.

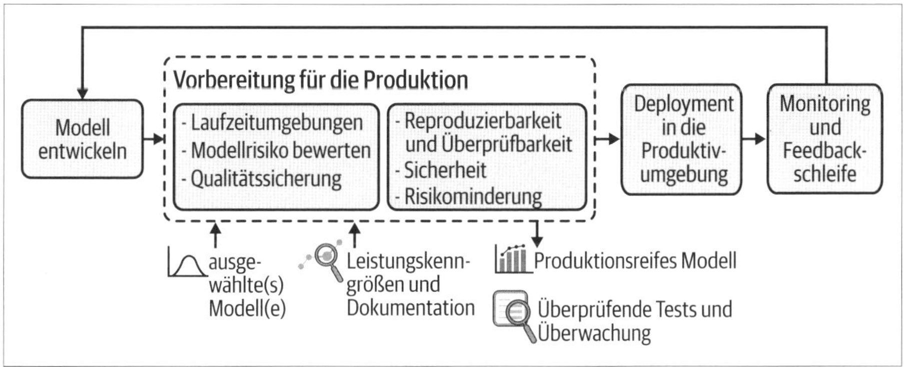

Abbildung 5-1: Die Produktionsvorbereitung, hervorgehoben im größeren Kontext des ML-Projektlebenszyklus

Laufzeitumgebungen

Der erste Schritt, um ein Modell in die Produktion zu überführen, besteht darin, sicherzustellen, dass dies technisch möglich ist. Wie in Kapitel 3 beschrieben, begünstigen optimal konzipierte MLOps-Systeme – im Gegensatz zu arbeitsintensiven Prozessen – ein schnelles und automatisiertes Deployment, und Laufzeitumgebungen können einen großen Einfluss darauf haben, wie die Deployment-Strategie ausgestaltet sein sollte.

Produktivumgebungen können eine Vielzahl von Formen annehmen, etwa folgende: kundenspezifische Dienste, Data-Science-Plattformen, dedizierte Dienste wie TensorFlow Serving, Low-Level-Infrastrukturen wie Kubernetes-Cluster, *Java Virtual Machines* (JVMs) in eingebetteten Systemen usw. Noch komplexer wird es, wenn man bedenkt, dass in manchen Unternehmen mehrere unterschiedliche Produktivumgebungen gleichzeitig betrieben werden.

Im Idealfall würden Modelle, die in der Entwicklungsumgebung laufen, validiert und so, wie sie sind, in die Produktion überführt werden. Dadurch wird der Anpassungsaufwand minimiert, und die Chancen sind höher, dass sich das Modell in der Produktion genauso verhält wie in der Entwicklung. Leider ist dieses ideale Szenario nicht immer realistisch, und es kommt nicht selten vor, dass Teams ein langfristiges Projekt abschließen, nur um im Endeffekt festzustellen, dass es nicht in die Produktion überführt werden kann.

Modelle aus der Entwicklungs- in die Produktivumgebung überführen

Was die erforderlichen Anpassungsmaßnahmen anbelangt, so sind am einen Ende des Spektrums die Entwicklungs- und Produktionsplattformen vom selben Anbieter oder anderweitig interoperabel, und das Entwicklungsmodell kann ohne jegliche Änderung in die Produktivumgebung übernommen werden. In diesem Fall sind die technischen Schritte, die erforderlich sind, um das Modell in den Produktivbetrieb zu überführen, auf ein paar Klicks oder Befehle begrenzt, und der Fokus kann auf die Validierung gelegt werden.

Am anderen Ende des Spektrums gibt es Fälle, in denen das Modell von Grund auf neu implementiert werden muss – möglicherweise von einem anderen Team und in einer anderen Programmiersprache. Angesichts der benötigten Ressourcen und der erforderlichen Zeit gibt es heutzutage nur wenige Fälle, in denen dieser Ansatz Sinn ergibt. Es ist jedoch immer noch die Realität in vielen Unternehmen und oft eine Folge des Mangels an geeigneten Tools und Prozessen. Die Übergabe eines Modells an ein anderes Team zur Neuimplementierung und Anpassung für die Produktivumgebung hat oftmals zur Folge, dass dieses Modell erst in Monaten (vielleicht Jahren) in den Produktivbetrieb gelangt – wenn überhaupt.

Zwischen diesen beiden Extremen ist eine Reihe von Anpassungen denkbar, die am Modell selbst oder für das Zusammenspiel mit seiner Umgebung vorgenommen werden müssen, um es für den Produktiveinsatz kompatibel zu machen. Hierbei ist es von entscheidender Bedeutung, dass die Validierung in einer Umgebung durchgeführt wird, die der Produktivumgebung (und nicht der Entwicklungsumgebung) so ähnlich ist wie möglich.

Erwägungen beim Einsatz von Tools

Das Format, das zur Überführung in die Produktion benötigt wird, sollte frühzeitig in Betracht gezogen werden, da es einen großen Einfluss auf das Modell selbst und den mit der Inbetriebnahme eines Modells verbundenen Aufwand hat. Wenn ein Modell z. B. mit scikit-learn (Python) entwickelt wird und in der Produktion eine Java-basierte Umgebung verwendet wird, die PMML oder ONNX als Eingabe erwartet, ist logischerweise zunächst eine Konvertierung erforderlich.

In diesem Fall sollten die Teams die Tools bereits während der Entwicklung des Modells festlegen, idealerweise bevor die erste Version des Modells fertiggestellt oder sogar begonnen wird. Wenn diese Pipeline nicht im Voraus eingerichtet wird, behindert dies den Validierungsprozess (und natürlich sollte die endgültige Validierung nicht mit dem scikit-learn-Modell durchgeführt werden, da es nicht dasjenige ist, das in Produktion geht).

Überlegungen zur Leistungsfähigkeit

Ein weiterer häufiger Grund dafür, dass ein Modell konvertiert werden muss, ist die Leistungsfähigkeit. Zum Beispiel hat ein Python-Modell typischerweise eine höhere Latenz für die Auswertung einer einzelnen Beobachtung als sein in C++ konvertiertes Äquivalent. Das endgültige Modell wird wahrscheinlich um ein Vielfaches schneller sein (obwohl dies natürlich von vielen Faktoren abhängt und es ebenso der Fall sein kann, dass das resultierende Modell um ein Vielfaches langsamer ist).

Die Leistungsfähigkeit kommt auch ins Spiel, wenn das produktiv betriebene Modell auf einem Gerät mit geringem Stromverbrauch laufen muss. Im Fall von tiefen neuronalen Netzen können trainierte Modelle mit Milliarden oder gar Hunderten von Milliarden von Parametern extrem groß werden. Die Ausführung auf kleinen Geräten ist einfach unmöglich, und die Ausführung auf herkömmlichen Servern kann langsam und teuer sein.

Bei solchen Modellen genügt es nicht, lediglich die Laufzeitumgebung zu optimieren. Um eine bessere Leistung zu erzielen, muss das jeweilige Modell optimiert werden. Eine Lösung ist die Verwendung von Komprimierungsverfahren:

- Mithilfe der *Quantisierung* (engl. *Quantization*) kann das Modell mit 32-Bit-Gleitkommazahlen trainiert und im Rahmen der Inferenz mit einer geringeren Genauigkeit verwendet werden, sodass das Modell zur Vorhersage weniger

Speicher benötigt und schneller ist, während die Genauigkeit weitestgehend erhalten bleibt.

- Beim *Pruning* entfernt man einfach Gewichte (oder sogar ganze Schichten bzw. Layer) aus dem neuronalen Netz. Auch wenn dies ein ziemlich rigoroser Ansatz ist, ermöglichen es einige Methoden, die Genauigkeit zu erhalten.
- Bei der *Destillation* wird ein keineres »Schülernetzwerk« trainiert, um ein größeres, leistungsfähigeres Netzwerk zu imitieren. Sofern dies angemessen vonstattengeht, kann es zu besseren Modellen führen (im Vergleich zu dem Versuch, das kleinere Netzwerk direkt mit den Daten zu trainieren).

Falls das ursprüngliche Modell so trainiert wurde, dass der Informationsverlust im Rahmen seiner Anwendung gering ausfällt, sind die genannten Methoden effizient. Sie beruhen also nicht einfach auf der nachträglichen Konvertierung des trainierten Modells, sondern auf der Art und Weise, wie das Modell trainiert wird. Obwohl die Methoden noch sehr neu und recht fortgeschritten sind, werden sie bereits häufig bei vortrainierten Modellen im Bereich der natürlichen Sprachverarbeitung, dem sogenannten *Natural Language Processing* (NLP), verwendet.

Datenzugriff vor Validierung und Inbetriebnahme in der Produktion

Ein weiterer technischer Aspekt, der vor Validierung und Inbetriebnahme in der Produktion berücksichtigt werden muss, ist der Datenzugriff. Ein Modell, das Wohnungspreise abschätzen soll, kann z. B. den durchschnittlichen Marktpreis in einem Postleitzahlengebiet zugrunde legen. Der Benutzer bzw. das System, das die Schätzung anfordert, wird diesen Durchschnittswert jedoch wahrscheinlich nicht zur Verfügung stellen, sondern lediglich die Postleitzahl, d. h., es ist im Hintergrund ein Datenabruf erforderlich, um den Wert des Durchschnitts zu ermitteln.

In manchen Fällen können die Daten »eingefroren« und zusammen mit dem Modell gebündelt werden. Wenn dies jedoch nicht möglich ist (z. B. weil der Datensatz zu groß ist oder die angereicherten Daten immer auf dem neuesten Stand sein müssen), sollte die Produktivumgebung auf eine Datenbank zugreifen können und somit über die entsprechende Netzwerkkonnektivität, Bibliotheken oder Treiber verfügen, die für die Kommunikation mit dem eingerichteten Datenspeicher erforderlich sind, sowie über Authentifizierungsdaten, die in einer Art Produktionskonfiguration gespeichert sind.

Dieses Setup samt Konfiguration zu verwalten, kann in der Praxis recht komplex sein, da auch hier geeignete Tools und eine enge Zusammenarbeit erforderlich sind (insbesondere wenn mehr als ein paar Dutzend Modelle skaliert werden). Wird ein externer Datenzugriff genutzt, ist die Validierung eines Modells – speziell unter Bedingungen, die dem Produktivbetrieb sehr ähneln – sogar noch stärker von Bedeutung, da die technische Konnektivität eine häufige Quelle für Fehlfunktionen in der Produktion ist.

Abschließende Überlegungen zu Laufzeitumgebungen

Das Trainieren eines Modells ist in der Regel der rechenintensivste Vorgang, der ein hohes Maß an softwaretechnischer Kompetenz, massive Datenmengen und moderne Rechner mit leistungsstarken GPUs erfordert. Bezogen auf den gesamten Lebenszyklus eines Modells, ist es jedoch nicht unwahrscheinlich, dass der größte Teil der Berechnungen auf die im Produktivbetrieb getroffenen Vorhersagen (Inferenz) entfällt (auch wenn diese Berechnungen um ein Vielfaches simpler und schneller sind). Denn sobald ein Modell vollständig trainiert ist, kann es unzählige Male im Rahmen der Inferenz verwendet werden.

Bei komplexen Modellen kann es jedoch teuer sein und erhebliche Auswirkungen auf den Energieverbrauch und die Umwelt haben, die Inferenz zu skalieren, d.h. im laufenden Betrieb eine Vielzahl von Anfragen auszuwerten bzw. Vorhersagen anzustellen. Die Komplexität von Modellen zu verringern oder besonders komplexe Modelle zu komprimieren, kann die Infrastrukturkosten für den Betrieb von Machine-Learning-Modellen nachhaltig senken.

Es ist wichtig, sich daran zu erinnern, dass nicht alle Anwendungen Deep Learning erfordern – und in der Tat: Nicht alle Anwendungen erfordern überhaupt Machine Learning. Eine wertvolle Praxis, um die Komplexität in der Produktion zu beherrschen, besteht darin, komplexe Modelle lediglich dafür zu entwickeln, dass man eine grundlegende Vorstellung davon erhält, was im Bereich des Möglichen liegt. Was dann letztlich in die Produktion geht, kann ein viel einfacheres Modell sein mit den Vorteilen, dass das Betriebsrisiko sinkt, die Rechenleistung steigt und sich der Stromverbrauch verringert. Wenn das einfache Modell nahe genug an der hochkomplexen Ausgangslösung liegt, kann es eine viel erstrebenswertere Lösung für den Produktiveinsatz sein.

Risikobeurteilung von Modellen

Bevor untersucht wird, wie eine Validierung in einem idealen MLOps-System vorgenommen werden sollte, ist es wichtig, den Zweck der Validierung zu hinterfragen. Wie in Kapitel 4 bereits ausgeführt, versuchen Modelle, die Realität nachzubilden – dies allerdings mit Unvollkommenheiten. Modelle können ebenso wie die Umgebung, in der sie ausgeführt werden, mit Fehlern behaftet sein. Die indirekte, reale Auswirkung, die ein Modell in der Produktion haben kann, ist nie gewiss, und die Fehlfunktion eines scheinbar unbedeutenden Rädchens kann in einem komplexen System erhebliche Konsequenzen zur Folge haben.

Der Zweck der Modellvalidierung

Es ist bis zu einem gewissen Grad möglich (um nicht zu sagen, absolut notwendig), die Risiken von Modellen in der Produktion zu antizipieren und sie dementsprechend so zu entwickeln und zu validieren, dass diese Risiken minimiert werden. Da

Unternehmen immer komplexer werden, ist es wichtig, zu verstehen, dass ungewollte Fehlfunktionen oder böswillige Angriffe bei den meisten Anwendungsfällen von Machine Learning im Unternehmen eine potenzielle Bedrohung darstellen, nicht nur bei finanziellen oder sicherheitsrelevanten Anwendungen.

Bevor ein Modell in Produktivbetrieb genommen wird (und eigentlich ständig mit Beginn des ML-Projekts), sollten die Teams auch unbequeme Fragen stellen:

- Was ist, wenn sich das Modell auf die denkbar schlimmste Weise verhält?
- Was passiert, wenn es einem Nutzer gelingt, die Trainingsdaten oder die interne Logik des Modells herauszufiltern?
- Was sind die finanziellen, geschäftlichen, rechtlichen, sicherheitsrelevanten oder auch rufschädigenden Risiken?

Bei Anwendungen, die mit einem hohen Risiko behaftet sind, ist es unerlässlich, dass sich das gesamte Team (und insbesondere die für die Validierung verantwortlichen Engineers) dieser Risiken in vollem Umfang bewusst ist, damit es den Validierungsvorgang entsprechend gestalten und die für das Ausmaß der Risiken angemessene Strenge und Komplexität zugrunde legen kann.

In vielerlei Hinsicht deckt das Risikomanagement beim Machine Learning die Praktiken des Modellrisikomanagements ab, die in vielen Branchen, wie z.B. im Bank- und Versicherungswesen, gut etabliert sind. Allerdings bringt Machine Learning neue Arten von Risiken und Verantwortlichkeiten mit sich, und mit der fortschreitenden Verbreitung von Data Science sind viele neue Unternehmen oder Teams involviert, die keine Erfahrungen mit dem traditionellen Modellrisikomanagement haben.

Die Risikotreiber bei Machine-Learning-Modellen

Das Ausmaß des Risikos, das ML-Modelle nach sich ziehen können, ist aus mathematischen Gründen schwer zu modellieren, aber auch, weil die Risiken mit realen Konsequenzen verbunden sind. Gütemaße und insbesondere die Kostenmatrix ermöglichen den Teams, die durchschnittlichen Kosten für den Betrieb eines Modells im »Normalfall«, d.h. auf Basis der Kreuzvalidierungsdaten, im Vergleich zum Betrieb eines perfekten, idealtypischen Modells zu bewerten.

Obwohl es sehr wichtig sein kann, diese erwarteten Kosten zu kalkulieren, kann eine ganze Reihe von anderen Dingen weit über die erwarteten Kosten hinaus schiefgehen. In einigen Anwendungen kann das Risiko eine finanziell unbegrenzte Haftung, ein Sicherheitsproblem für Einzelpersonen oder eine existenzielle Bedrohung für das Unternehmen darstellen. Im Wesentlichen ziehen folgende Punkte ML-Modellrisiken nach sich:

- Bugs, Fehler bei der Konzeption, beim Trainieren oder Auswerten des Modells (einschließlich Datenvorbereitung).

- Fehler im genutzten Framework in der Laufzeitumgebung, Fehler in der Nachbearbeitung/Konvertierung des Modells oder versteckte Inkompatibilitäten zwischen dem Modell und seiner Laufzeitumgebung.
- Mindere Qualität der Trainingsdaten.
- Große Unterschiede zwischen den Daten im Produktivbetrieb und den Trainingsdaten.
- Erwartete Fehlerraten, aber Ausfälle, die stärkere Auswirkungen haben als gedacht.
- Fehlgebrauch des Modells oder Fehlinterpretation seiner Ausgaben.
- Gegnerische Angriffe (*Adversarial Attacks*).
- Rechtliches Risiko, das insbesondere aus der Verletzung von Urheberrechten oder der Haftung für die Modellausgabe entsteht
- Reputationsrisiko aufgrund von Voreingenommenheit bzw. Bias, unethischer Verwendung von Machine Learning usw.

Die Eintrittswahrscheinlichkeit und das Ausmaß des Risikos können durch folgende Faktoren erhöht werden:

- Vielfältige Verwendung des Modells.
- Ein sich schnell veränderndes Umfeld.
- Komplexe Wechselwirkungen zwischen Modellen.

In den folgenden Abschnitten werden Sie weitere Einzelheiten zu den genannten Risiken erfahren. Zudem wird beschrieben, wie man ihnen entgegenwirken kann – was letztendlich das Ziel jedes MLOps-Systems sein sollte, das ein Unternehmen einführt.

Qualitätssicherung im Rahmen der Verwendung von Machine Learning

Im Software Engineering hat sich ein ausgereifter Bestand an Tools und Methoden für die Qualitätssicherung (QS) entwickelt. Das Pendant für Daten und Modelle steckt jedoch noch in den Kinderschuhen, was die Einbindung in MLOps-Prozesse schwierig macht. Die statistischen Methoden sowie die Best Practices zur Dokumentation sind zwar bekannt, aber ihre Umsetzung im größeren Maßstab ist (noch) nicht unbedingt üblich.

Auch wenn die Qualitätssicherung im Zusammenhang mit Machine Learning als Teil dieses Kapitels zum Thema Produktionsvorbereitung behandelt wird, sollte sie nicht nur bei der abschließenden Validierung Berücksichtigung finden, sondern vielmehr alle Phasen der Modellentwicklung begleiten. Ihr Zweck ist es, die Einhaltung der Prozesse sowie der Anforderungen, die sich durch den Einsatz von Machine Learning ergeben (einschließlich Rechenanforderungen), sicherzustellen, und zwar mit einem Grad an Detailliertheit, der dem Risikoniveau angemessen ist.

Wenn die für die Validierung verantwortlichen Personen nicht diejenigen sind, die das Modell entwickelt haben, ist es wichtig, dass sie über eine ausreichende Qualifikation im Bereich Machine Learning verfügen und die Risiken verstehen, damit sie eine angemessene Validierung konzipieren oder Schwachstellen in der vom Entwicklungsteam vorgeschlagenen Validierungsstrategie erkennen können. Darüber hinaus ist es unerlässlich, dass Struktur und Kultur des Unternehmens ihnen ermöglicht, entsprechende Probleme zu melden und zur kontinuierlichen Verbesserung beizutragen oder die Überführung in die Produktion zu unterbinden, wenn der Risikograd dies rechtfertigt.

Robuste MLOps-Praktiken sehen vor, dass es bei der Durchführung von Qualitätssicherungsmaßnahmen vor der Überführung in die Produktion nicht nur um die technische Validierung geht. Hier bietet sich ebenfalls die Gelegenheit, eine Dokumentation zu erstellen und das Modell anhand organisatorischer Richtlinien zu validieren. Das bedeutet auch, dass der Ursprung aller Eingabedatensätze, vortrainierter Modelle oder anderer Ressourcen bekannt sein sollte, da sie Vorschriften oder Urheberrechten unterliegen könnten. Aus diesem Grund (und vor allem aus Gründen der EDV-Sicherheit) entscheiden sich einige Unternehmen dafür, nur Abhängigkeiten zuzulassen, die auf der sogenannten Whitelist stehen. Das kann zwar die Fähigkeit von Data Scientists, schnell innovativ zu sein, erheblich beeinträchtigen, allerdings wird die Liste der Abhängigkeiten bekannt gemacht, und teilweise werden auch automatische Tests durchgeführt, was zusätzliche Sicherheit bieten kann.

Wichtige Überlegungen zum Testen

Natürlich besteht das Testen des Modells aus der Anwendung des Modells auf sorgfältig kuratierte Daten und der Validierung der Ergebnisse in Bezug auf die Anforderungen. Wie die Daten ausgewählt oder generiert werden und wie viele Daten benötigt werden, ist entscheidend, hängt aber von der Problemstellung ab, die von dem Modell bewältigt werden soll.

Es gibt einige Szenarien, in denen die Testdaten nicht immer mit »realen« Daten übereinstimmen sollten. Es kann z.B. sinnvoll sein, eine bestimmte Anzahl von Szenarien zu entwerfen. Während einige davon realistischen Situationen entsprechen sollten, müssen andere Daten hier gezielt so generiert werden, dass sie problematisch sein könnten (z.B. Extremwerte, fehlende Werte).

Es müssen Kennzahlen – sowohl zu statistischen (Qualitätsmaße wie Korrektklassifikationsrate bzw. Treffergenauigkeit, Relevanz (*Precision*), Sensitivität bzw. Recall usw.) als auch zu rechnerischen Aspekten (durchschnittliche Latenzzeit, 95. Perzentil der Latenzzeit usw.) – gesammelt werden, und die Testszenarien sollten fehlschlagen, wenn einige Annahmen nicht bestätigt werden. Zum Beispiel sollte der Test fehlschlagen, wenn die Korrektklassifikationsrate des Modells unter 90 % fällt, die durchschnittliche Inferenzzeit über 100 Millisekunden liegt oder mehr als 5 % der ausgewerteten Anfragen bzw. getroffenen Vorhersagen mehr als 200 Millisekunden dauern. Diese Annahmen werden auch wie im traditionellen Software Engineering *Expectations*, *Checks* oder *Assertions* genannt.

Es können auch statistische Tests zu den Ergebnissen durchgeführt werden, die aber typischerweise für gewisse Untergruppen verwendet werden. Zudem ist es wichtig, das Modell mit seiner vorherigen Version vergleichen zu können, beispielsweise mit dem Champion/Challenger-Ansatz (der ausführlich im Abschnitt »Champion/Challenger-Ansatz« auf Seite 126 beschrieben wird) oder durch einen Vergleich von Kennzahlen, um zu überprüfen, ob eine Kennzahl nicht schlagartig abfällt.

Analyse von Untergruppen und Fairness von Modellen

Es kann sinnvoll sein, Testszenarien zu entwerfen, indem man die Daten anhand einer »sensiblen« Variablen (die als Feature des Modells verwendet werden kann oder nicht) in Untergruppen aufteilt, und auf diese Weise die Fairness (typischerweise zwischen den Geschlechtern) bewertet.

Praktisch alle Modelle, die im Zusammenhang mit bestimmten Personengruppen stehen, sollten auf ihre Fairness hin analysiert werden. Wenn die Fairness eines Modells nicht bewertet wird, kann dies geschäftliche und regulatorische Auswirkungen für das Unternehmen nach sich ziehen und auch der Reputation schaden. Weitere Einzelheiten zu den Themen Bias und Fairness finden Sie in den Abschnitten »Auswirkungen von Responsible AI auf die Modellentwicklung« auf Seite 72 und »Schlüsselelemente von Responsible AI« auf Seite 140.

Neben den Kennzahlen zur Güte des ML-Modells und der Rechenleistung sollte auch die Modellstabilität in die Tests mit einbezogen werden. Wenn sich der Wert eines Features nur leicht ändert, sollte es auch lediglich zu kleinen Änderungen in der Vorhersage kommen. Obwohl dies nicht immer der Fall sein muss, ist es im Allgemeinen eine wünschenswerte Modelleigenschaft. Ein sehr instabiles Modell verhält sich komplex und führt zwangsläufig zu Schlupflöchern in Anwendungen – und es kann frustrierend sein, da sich das Modell als unzuverlässig erweisen kann, selbst wenn es ansonsten eine ordentliche Leistungsfähigkeit aufweist. Es gibt kein Patentrezept, um eine gewisse Modellstabilität zu gewährleisten, doch im Allgemeinen weisen einfachere bzw. stärker regulierte Modelle eine bessere Stabilität auf.

Reproduzierbarkeit und Überprüfbarkeit

Reproduzierbarkeit hat im Rahmen von MLOps nicht die gleiche Bedeutung wie im akademischen Bereich. In der akademischen Welt bedeutet Reproduzierbarkeit im Wesentlichen: Die Ergebnisse eines Experiments sind gut genug beschrieben, damit eine andere kompetente Person das Experiment allein mithilfe der Erläuterungen replizieren kann und zum selben Ergebnis kommt, sofern sie keine Fehler macht.

Im Allgemeinen beinhaltet die Reproduzierbarkeit bei MLOps auch die Möglichkeit, das gleiche Experiment einfach zu wiederholen. Das bedeutet, dass das Modell mit einer detaillierten Dokumentation, den für das Training und die Tests verwendeten Daten und mit einem Artefakt geliefert wird, das die Implementierung des Modells sowie die vollständige Spezifikation der Umgebung, in der es ausgeführt wurde, bündelt (siehe den Abschnitt »Versionsverwaltung und Reproduzierbarkeit« auf Seite 75). Reproduzierbarkeit ist unerlässlich, um Modellergebnisse zu belegen, aber auch um ein vorheriges Experiment zu debuggen oder darauf aufzubauen.

Die Überprüfbar- bzw. Auditierbarkeit ist eng mit der Reproduzierbarkeit verwandt, zielt aber auf einige zusätzliche Anforderungen ab. Damit ein Modell überprüf- bzw. auditierbar ist, muss es möglich sein, auf die gesamte Historie der ML-Pipeline von einem zentralen und zuverlässigen Speichermedium aus zuzugreifen und die Metadaten zu allen Modellversionen einfach abzurufen, einschließlich:

- der vollständigen Dokumentation,
- eines Artefakts, das die Ausführung des Modells mit exakt seiner ursprünglichen Umgebung ermöglicht,
- Testergebnissen mit Modellerklärungen und Fairnessberichten sowie
- detaillierten Log-Dateien des Modells und Monitoring-Metadaten.

Eine Überprüfbarkeit kann in einigen stark regulierten Anwendungsfällen verpflichtend sein, hat aber Vorteile für alle Unternehmen, weil sie das Debuggen von Modellen, die kontinuierliche Verbesserung und das Nachverfolgen von Aktionen und Verantwortlichkeiten erleichtern kann (was ein wesentlicher Teil der Governance für eine verantwortungsvolle Verwendung von Machine Learning ist, wie ausführlich in Kapitel 8 erörtert). Eine umfassende Toolchain, die der Qualitätssicherung im Zusammenhang mit Machine Learning dient – und damit auch den MLOps-Prozessen –, sollte einen klaren Überblick über die Modellleistung in Bezug auf die Anforderungen bieten und gleichzeitig die Überprüfbarkeit erleichtern.

Selbst wenn die für MLOps genutzten Frameworks es den Data Scientists (oder anderen) erlauben, ein Modell mit all seinen Metadaten nachzuvollziehen, kann es dann immer noch eine Herausforderung darstellen, das Modell selbst zu verstehen (siehe den Abschnitt »Auswirkungen von Responsible AI auf die Modellentwicklung« auf Seite 72 für eine ausführliche Erörterung).

Um eine hohe praktische Wirkung zu erzielen, muss ein System hinsichtlich aller seiner Teile und seiner Versionshistorie intuitiv verständlich und überprüfbar sein. Das ändert nichts an der Tatsache, dass es einer entsprechenden Schulung bedarf, um ein ML-Modell (selbst ein relativ einfaches) verstehen zu können. Je nach den mit der Anwendung verbundenen Risiken muss ein breiteres Publikum in der Lage sein, die Details des Modells zu verstehen. Dementsprechend hat eine vollständige Überprüfbarkeit ihren Preis, der mit der kritischen Bedeutung des jeweiligen Modells abgewogen werden sollte.

Potenzielle Sicherheitsrisiken im Zusammenhang mit Machine Learning

Als Teil eines Softwareprogramms kann das Framework eines im Einsatz befindlichen Modells mehrere Sicherheitsprobleme verursachen, die von einfachen Fehlern bis hin zu Social Engineering reichen. Die Verwendung von Machine Learning führt zu einer Reihe neuer potenzieller Bedrohungen, bei denen ein Angreifer »bösartige« Daten eingibt, die das Modell zu einem Fehler veranlassen sollen.

Es gibt zahlreiche Fälle potenzieller Angriffe. Beispielsweise gehörten Spam-Filter zu den ersten Anwendungen auf Basis von Machine Learning, die zunächst im Wesentlichen auf einem Abgleich von Wörtern basierten, die in einem bestimmten Wörterbuch enthalten waren. Eine Möglichkeit, die Erkennung von Spam zu vermeiden, bestand darin, genau diese Wörter nicht zu schreiben und ihre Nachricht dennoch für den jeweiligen Empfänger leicht verständlich zu machen (z.B. durch die bewusste Verwendung von exotischen Unicode-Zeichen, Tippfehlern oder Bildern).

Adversarial Attacks

Ein moderneres, aber durchaus analoges Beispiel für ein Sicherheitsproblem bei ML-Modellen ist ein bösartiger Angriff auf neuronale Netzwerke, bei dem eine geringfügige oder sogar für das menschliche Auge nicht auszumachende Bildänderung dazu führen kann, dass das Modell seine Vorhersage drastisch ändert. Die Kernidee ist mathematisch relativ einfach: Da im Rahmen der Inferenz beim Deep Learning im Wesentlichen eine Matrixmultiplikation vorgenommen wird, können sorgfältig gewählte kleine Veränderungen der Koeffizienten eine große Veränderung der Ausgabewerte bewirken.

Beispielsweise (*https://arxiv.org/abs/1707.08945*) können kleine Aufkleber, die auf Straßenschilder geklebt werden, das Computer-Vision-System eines autonomen Autos verwirren, sodass die Schilder für das System unsichtbar oder vom ihm falsch klassifiziert werden, während sie für einen Menschen deutlich erkennbar sind. Je mehr der Angreifer über das System weiß, desto wahrscheinlicher ist es, dass er gegnerische Beispiele findet, die es in die Irre führen können.

Ein Mensch kann den Verstand einsetzen, um diese Beispiele zu finden (insbesondere bei einfachen Modellen). Bei komplexeren Deep-Learning-Modellen muss der Angreifer jedoch wahrscheinlich viele Abfragen durchführen und entweder mittels Brute-Force-Methode so viele Kombinationen wie möglich testen oder ein Modell verwenden, mit dem problematische Beispiele ausgemacht werden können. Die Schwierigkeit von Gegenmaßnahmen steigt mit der Komplexität der Modelle und deren Verfügbarkeit. Einfache Modelle wie etwa die logistische Regression sind im Wesentlichen immun, während ein quelloffenes, vortrainiertes tiefes neuronales

Netzwerk im Grunde immer angreifbar sein wird, selbst wenn es fortschrittliche Angriffsdetektoren (*https://arxiv.org/abs/1705.07263*) besitzt.

Angriffe müssen nicht zwangsläufig zum Zeitpunkt der Inferenz stattfinden. Wenn einem Angreifer (auch nur teilweise) Zugriff auf die Trainingsdaten ermöglicht wird, bekommt er die Kontrolle über das System. Diese Art von Angriff ist in der Computersicherheit traditionell als *Poisoning Attack* bekannt.

Ein berühmtes Beispiel ist der Twitter-Chatbot, der im Jahr 2016 von Microsoft veröffentlicht wurde (*https://oreil.ly/aBGVq*). Nur wenige Stunden nach dem Release begann der Bot damit, sehr anstößige Tweets zu generieren. Dies wurde dadurch verursacht, dass sich der Bot an seine Eingabedaten anpasste; als er erkannte, dass einige Nutzer eine große Menge an beleidigenden Inhalten übermittelten, begann der Bot, diese zu replizieren. Theoretisch kann ein Poisoning Attack durch ein Eindringen oder sogar auf eine raffiniertere Art und Weise durch vortrainierte Modelle erfolgen. In der Praxis sollte man sich jedoch vor allem um die Daten kümmern, die aus leicht manipulierbaren Datenquellen stammen. Tweets, die an ein bestimmtes Konto gesendet werden, sind ein besonders anschauliches Beispiel.

Weitere Sicherheitsrisiken

In einigen Fällen werden nicht die Schwachstellen von ML-Modellen an sich ausgenutzt, stattdessen werden die Modelle auf eine Art und Weise verwendet, die zu unerwünschten Situationen führt. Ein Beispiel ist die Prüfung der Kreditwürdigkeit: Für einen bestimmten Geldbetrag neigen Kreditnehmer mit weniger Flexibilität dazu, einen längeren Zeitraum zu wählen, um die Zahlungen zu senken, während Kreditnehmer, die sich keine Sorgen um ihre Zahlungsfähigkeit machen, eventuell einen kürzeren Zeitraum wählen, um die Gesamtkosten des Kredits zu senken. Verkäufer raten möglicherweise denjenigen, die keine ausreichend hohe Bonität haben, ihre Zahlungen zu verkürzen. Dies erhöht das Risiko für den Kreditnehmer *und* für die Bank und ist kein sinnvoller Handlungsansatz. Korrelation ist nicht mit Kausalität gleichzusetzen!

Außerdem können Modelle auf verschiedene Weise Daten preisgeben. Da ML-Modelle grundsätzlich als Zusammenfassung der Daten betrachtet werden können, auf denen sie trainiert wurden, können sie mehr oder weniger genaue Informationen über die Trainingsdaten preisgeben, in manchen Fällen sogar über den gesamten Trainingssatz. Stellen Sie sich zum Beispiel vor, dass ein Modell mithilfe des Nearest-Neighbor-Algorithmus vorhersagt, wie viel jemand verdient. Wenn man die Postleitzahl, das Alter und den Beruf einer bestimmten Person kennt, die bei dem Dienst registriert ist, ist es ziemlich einfach, das genaue Einkommen dieser Person zu ermitteln. Es gibt eine ganze Reihe von Angriffen, die auf diese Weise Informationen aus Modellen extrahieren können.

Neben den technischen Möglichkeiten zur Absicherung und Überprüfung spielt die Governance eine entscheidende Rolle für die Sicherheit. Verantwortlichkeiten müssen klar und in einer Weise zugewiesen werden, die ein angemessenes Gleichgewicht zwischen Sicherheit und Durchführbarkeit gewährleistet. Es ist ebenfalls wichtig, Feedback-Mechanismen einzurichten, und Mitarbeiter und Anwender sollten eine einfache Möglichkeit haben, Sicherheitsverstöße zu kommunizieren (einschließlich möglicher »Bug-Bounty-Programme«, die das Melden von Sicherheitslücken belohnen). Ebenso ist es möglich (und auch notwendig), Sicherheitsnetze um das System herum aufzubauen, um die Risiken zu verringern.

Der Sicherheitsaspekt beim Machine Learning weist viele Gemeinsamkeiten mit der generellen Sicherheit von Computersystemen auf, wobei einer der Hauptgedanken darin besteht, dass die Sicherheit kein zusätzliches, unabhängiges Merkmal des Systems ist. Das bedeutet, dass im Allgemeinen kein System gesichert werden kann, das nicht dafür ausgelegt ist, sicher zu sein, und die organisatorischen Prozesse müssen die Art der potenziellen Gefährdung von Beginn an mit berücksichtigen. Dies ist mitunter durch solide MLOps-Prozesse möglich, und zwar einschließlich aller in diesem Kapitel beschriebenen Schritte zur Produktionsvorbereitung.

Das Modellrisiko eindämmen

Wie in Kapitel 1 ausführlich erläutert, gilt im Allgemeinen: Je umfangreicher das Deployment eines Modell ausfällt, desto größer ist das Risiko. Wenn die Risiken sehr groß ausfallen, ist es unerlässlich, das Deployment neuer Versionen zu kontrollieren. Hier kommen insbesondere streng überwachte MLOps-Prozesse ins Spiel. Bei progressiven oder sogenannten Canary-Roll-outs sollte es gängige Praxis sein, neue Modellversionen zunächst einem kleinen Teil des Unternehmens oder des Kundenstamms zur Verfügung zu stellen und diesen Anteil langsam zu erhöhen, während das Verhalten überwacht und gegebenenfalls Feedback von Nutzern eingeholt wird.

Änderungen in der Umgebung

Sich schnell ändernde Umgebungen potenzieren, wie bereits in diesem Kapitel erwähnt, das Risiko. Änderungen der Eingaben sind ein ähnliches und ebenfalls hinreichend identifiziertes Risiko. Kapitel 7 befasst sich ausführlicher mit den einhergehenden Herausforderungen und wie sie angegangen werden können. Wichtig ist jedoch, dass die Geschwindigkeit, mit der Änderungen auftreten, das Risiko je nach Anwendung verstärken kann. Änderungen können so schnell vonstattengehen, dass sie bereits Konsequenzen nach sich ziehen, noch bevor das Monitoring-System Warnhinweise geben kann. Das heißt, dass trotz eines effizienten Monitoring-Systems und eines Verfahrens zum Retraining der Modelle die Zeit möglicherweise nicht ausreicht, die zur Behebung erforderlich ist. Das stellt insbesondere dann ein ernsthaftes Risiko dar, wenn ein einfaches Retraining des Modells mit neuen Daten nicht ausreicht und ein neues Modell entwickelt werden muss, da währenddessen das Fehlverhalten der Produktionssysteme große Verluste für das Unternehmen verursachen kann.

Um dieses Risiko zu beherrschen, sollte die im Rahmen von MLOps vorgesehene Überwachung hinreichend reaktiv sein (typischerweise reicht eine wöchentliche Warnmeldung hinsichtlich ermittelter Verteilungsveränderungen nicht aus), und das Verfahren sollte den Zeitraum berücksichtigen, der benötigt wird, um das Problem zu beheben. Zusätzlich zu Retraining- oder Roll-out-Strategien können im Rahmen dieses Prozesses z.B. Schwellenwerte definiert werden, die einen degradierten Systemmodus auslösen würden. Ein degradierter Modus kann eine einfache Warnmeldung für die Endbenutzer vorsehen, kann aber auch so drastisch konzipiert werden, dass dysfunktionale Systeme sofort heruntergefahren werden, um Schaden zu vermeiden, bis eine Lösung gefunden ist und ein stabiles System bereitgestellt werden kann.

Auch weniger schwerwiegende Probleme, die häufig genug auftreten, können ebenfalls Schaden anrichten, der oft schwer zu beherrschen ist. Wenn sich die Umgebung häufig ändert (selbst wenn eine Behebung nicht als dringlich angesehen wird), kann ein Modell immer schnell danebenliegen und nicht innerhalb seines ursprünglich vorgesehenen Rahmens arbeiten, weshalb die Betriebskosten schwer zu bemessen sein können. Dies kann nur durch dedizierte MLOps-Techniken erreicht werden, die eine relativ langfristige Überwachung und eine Neubewertung der Kosten für den Betrieb des Modells vorsehen.

In vielen Fällen kann es helfen, ein Retraining des Modells durchzuführen (da es mit mehr Daten wieder zunehmend besser wird), und dieses Problem verschwindet letztlich. Doch das erfordert meist eine gewisse Zeit. Dementsprechend könnte eine weitere Lösung darin bestehen, ein weniger komplexes Modell zu verwenden, das zwar möglicherweise eine geringere Leistung aufweist, sich aber in einer sich häufig ändernden Umgebung stabiler verhält.

Wechselwirkungen zwischen Modellen

Komplexe Wechselwirkungen zwischen Modellen stellen den wahrscheinlich herausforderndsten Risikofaktor dar. Mit der zunehmenden Verbreitung von ML-Modellen wird dieses Problem anwachsen und gleichzeitig einen wichtigen potenziellen Schwerpunktbereich von MLOps-Systemen bilden. Natürlich erhöht die Inbetriebnahme von Modellen oft die Komplexität innerhalb eines Unternehmens, aber der Komplexitätsgrad steigt nicht notwendigerweise linear mit der Anzahl der Modelle; zwei Modelle einzusetzen, kann um ein Vielfaches komplizierter sein, da es möglicherweise Wechselwirkungen zwischen ihnen gibt.

Darüber hinaus wird die Gesamtkomplexität stark davon bestimmt, wie stark die Wechselwirkungen zwischen den Modellen auf lokaler Ebene gestaltet sind und wie sie auf organisatorischer Ebene geregelt werden. Die Kombination von Modellen (*Chains*), bei denen ein Modell die Ausgabedaten eines anderen Modells als

Eingabedaten verwendet, kann die Komplexität deutlich erhöhen und zu völlig unerwarteten Ergebnissen führen. Dagegen ist die Verwendung von Modellen in voneinander unabhängigen, parallelen Prozessen, die jeweils so kurz und nachvollziehbar wie möglich gestaltet sind, ein viel nachhaltigerer Weg, um den Betrieb von ML-Modellen zu skalieren.

Wenn es keine Wechselwirkungen zwischen Modellen gibt, steigt der Komplexitätsgrad ungefähr linear (wobei zu beachten ist, dass dies in der Praxis selten der Fall ist, da es in der Realität immer Wechselwirkungen geben kann, auch wenn Modelle nicht miteinander verknüpft sind). Außerdem können durch Modelle, die in redundanten Verarbeitungsketten verwendet werden, Fehler vermieden werden – wenn also eine Entscheidung bzw. Vorhersage auf mehreren unabhängigen Verarbeitungsketten mit möglichst unterschiedlichen Methoden beruht, kann sie zuverlässiger sein.

Letztendlich gilt ganz allgemein: Je komplexer ein Modell ist, desto komplizierter ist möglicherweise sein Zusammenspiel mit anderen Systemen, da es viele Randfälle geben kann oder das Modell in einigen Bereichen weniger stabil ist, auf die Änderungen eines vorgelagerten Modells überreagiert oder ein sensibles nachgeschaltetes Modell irritiert usw. Auch hier sehen wir, dass ein Modell, das komplex ist, seinen Preis hat, und zwar gegebenenfalls einen höchst unkalkulierbaren.

Fehlverhalten von Modellen

Um einem möglichen Fehlverhalten eines Modells entgegenzuwirken, kann eine Reihe von Maßnahmen ergriffen werden – beispielsweise können die Eingaben und Ausgaben eines Modells in Echtzeit untersucht werden. Während des Trainings eines Modells ist es z. B. möglich, seinen Anwendungsbereich festzulegen, indem es auf die Intervalle begrenzt wird, auf denen das Modell trainiert und evaluiert wurde. Wenn der Wert eines Features zum Zeitpunkt der Inferenz außerhalb des Gültigkeitsbereichs liegt, kann das System entsprechende Maßnahmen auslösen (z. B. die Eingabe zurückweisen oder eine Warnmeldung ausgeben).

Den Wertebereich von Features zu kontrollieren bzw. einzugrenzen, ist ein nützlicher und einfacher Ansatz – aber er könnte unzureichend sein. Wenn beispielsweise ein Algorithmus zur Vorhersage von Autopreisen trainiert wird, können die Daten möglicherweise nur Beispiele für neue leichte Autos und alte schwere Autos enthalten, aber keine für neue schwere Autos. Bei solchen Beobachtungen bzw. Datenpunkten ist es unvorhersehbar, welche Vorhersagen von einem komplexen Modell getroffen werden. Insbesondere bei einer großen Anzahl von Features ist dieses Problem aufgrund des sogenannten Fluchs der Dimensionalität (*Curse of Dimensionality*) unausweichlich, da sich die Anzahl der Kombinationen exponentiell zur Anzahl der Features verhält.

In diesem Fall können komplexere Methoden eingesetzt werden, z. B. aus dem Bereich der Anomalieerkennung, um Beobachtungen zu identifizieren, bei denen das

Modell außerhalb seines Anwendungsbereichs verwendet wird. Nachdem ein Modell eine Vorhersage getroffen hat (*Scoring*), kann diese Ausgabe geprüft werden. Im Fall der Klassifizierung liefern viele Algorithmen zusätzlich zu ihrer Vorhersage sogenannte *Certainty Scores*. Dabei kann ein Schwellenwert festgelegt werden, ab dem eine Ausgabe im Rahmen der Inferenz als akzeptabel gilt. Beachten Sie, dass diese Certainty Scores in der Regel nicht mit Wahrscheinlichkeiten gleichzusetzen sind, auch wenn sie in Modellen oft so bezeichnet werden.

Mithilfe der *Conformal Prediction* können diese Werte entsprechend angepasst werden, um eine genaue Schätzung der Wahrscheinlichkeit zu erhalten, dass die Vorhersage korrekt ist. Bei einer Regression kann der Wert mit einem vorgegebenen Intervall abgeglichen werden. Wenn das Modell z.B. vorhersagt, dass ein Auto 50 € oder 500.000 € kostet, sehen Sie sich vielleicht veranlasst, sich nicht auf diese Vorhersage zu verlassen. Die Komplexität der implementierten Techniken sollte vor dem Hintergrund des Risikograds eruiert werden: Ein hochkomplexes, risikobehaftetes Modell erfordert noch gründlichere Sicherheitsvorkehrungen.

Abschließende Überlegungen

In der Praxis beginnt die Produktionsvorbereitung von Modellen bereits zu Beginn der Entwicklungsphase; das bedeutet, die Anforderungen des Produktivbetriebs, Sicherheitsimplikationen und Aspekte der Risikobegrenzung sollten möglichst bei der Entwicklung eines Modells berücksichtigt werden. Zu den MLOps-Kernkomponenten zählt zudem ein klar definierter Validierungsschritt, bei dem Modelle überprüft werden, bevor sie in den Produktivbetrieb überführt werden. Die wichtigsten Punkte zur erfolgreichen Produktionsvorbereitung von Modellen können wir wie folgt zusammenzufassen:

- Die Art der Risiken und ihre Tragweite eindeutig identifizieren.
- Die Modellkomplexität und ihre Auswirkungen in vielerlei Hinsicht verstehen, einschließlich der Möglichkeit einer erhöhten Latenzzeit und eines erhöhten Speicher- und Stromverbrauchs sowie der geringeren Möglichkeit zur Interpretation bzw. Deutung der während des Produktiveinsatzes getroffenen Vorhersagen und der schwer beherrschbarer Risiken.
- Einen einfachen, aber klaren Qualitätsstandard vorgeben und sicherstellen, dass das Team entsprechend geschult ist und die Organisationsstruktur schnelle und zuverlässige Validierungsprozesse ermöglicht.
- Alle automatisierbaren Validierungen bzw. Tests automatisieren, um sicherzustellen, dass sie ordnungsgemäß und konsistent durchgeführt werden, während gleichzeitig ein schnelles Deployment gewährleistet bleibt.

KAPITEL 6

Deployment in die Produktivumgebung

Joachim Zentici

Für Führungskräfte ist die Möglichkeit, neue Systeme schnell in die Produktion zu überführen, der Schlüssel zur Maximierung des Geschäftswerts. Dies ist jedoch nur dann der Fall, wenn das Deployment reibungslos und mit geringem Risiko erfolgen kann (Software-Deployment-Prozesse wurden in den letzten Jahren verstärkt automatisiert und gründlicher gehandhabt, um diesen inhärenten Konflikt zu lösen). Dieses Kapitel befasst sich mit den Konzepten und Überlegungen, die beim Produktiv-Deployment von Machine-Learning-Modellen eine Rolle spielen und die die Art und Weise, wie MLOps-Deployment-Prozesse konzipiert sind, beeinflussen – ja sogar vorantreiben (Abbildung 6-1 stellt diesen Prozess im Kontext des größeren Lebenszyklus dar).

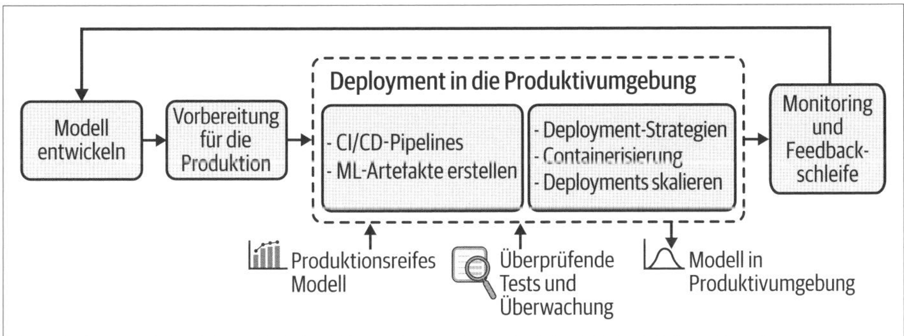

Abbildung 6-1: Deployment in die Produktivumgebung, im größeren Kontext des ML-Projektlebenszyklus hervorgehoben

CI/CD-Pipelines

CI/CD ist ein gängiges Akronym für *Continuous Integration* und *Continuous Delivery* (einfacher ausgedrückt: *Deployment*). Zusammen bilden sie die Grundpfeiler der modernen Philosophie der agilen Softwareentwicklung und umfassen eine

Reihe von Praktiken und Tools, um Anwendungen häufiger und schneller zu releasen und gleichzeitig die Qualität und das Risiko besser zu kontrollieren.

Während diese Konzepte Jahrzehnte zurückreichen und Software Engineers sie in unterschiedlichem Umfang bereits einsetzen, werden bestimmte Begriffe von verschiedenen Personen und Unternehmen auf sehr unterschiedliche Weise verwendet. Bevor wir uns damit befassen, wie CI/CD für Workflows im Bereich Machine Learning eingesetzt wird, ist es wichtig, sich vor Augen zu führen, dass es sich bei diesen Konzepten um Tools handelt, die dem Zweck dienen, schnell und in hoher Qualität auszuliefern, und dass der erste Schritt immer darin besteht, die spezifischen Risiken im Unternehmen zu identifizieren. Mit anderen Worten: Wie immer sollte die CI/CD-Methodik auf Grundlage der Belange des Teams und der Art der Geschäftstätigkeit angepasst werden.

Die Konzepte für CI/CD gelten für das traditionelle Software Engineering, aber sie lassen sich genauso gut auf ML-Systeme anwenden und sind ein wichtiger Bestandteil der MLOps-Strategie. Nach der erfolgreichen Entwicklung eines Modells sollte ein Data Scientist den Programmcode, die Metadaten und die Dokumentation in ein zentrales Repository übertragen und eine CI/CD-Pipeline anstoßen. Ein Beispiel für eine solche Pipeline könnte so aussehen:

1. Das Modell aufbauen (Build)
   a. Modellartefakte erstellen.
   b. Artefakte in den langfristigen Speicher leiten.
   c. Grundlegende Tests durchführen (Smoke-Tests/Sanity-Checks).
   d. Fairness- und Erklärbarkeitsberichte erstellen.
2. Deployment in die Testumgebung
   a. Tests zur Validierung der Leistung des ML-Modells und der Rechenleistung durchführen.
   b. Manuell validieren.
3. Deployment in die Produktivumgebung
   a. Das Modell teilweise deployen (Canary-Deployment, es also zunächst nur einer begrenzten Anzahl von Anwendern bereitstellen).
   b. Das Modell vollständig deployen.

Es sind zahlreiche Szenarien möglich, und alle hängen von der Anwendung, den Risiken, vor denen das System geschützt werden soll, und der Art und Weise ab, wie das Unternehmen zu arbeiten pflegt. Im Allgemeinen wird ein inkrementeller Ansatz zum Aufbau einer CI/CD-Pipeline bevorzugt: Ein einfacher oder sogar relativ naiver Workflow, in dem ein Team iterieren kann, ist oft viel besser, als bereits zu Beginn mit einer komplexen Infrastruktur konfrontiert zu sein.

Ein Entwicklungsprojekt hat zu Beginn nicht die gleichen Infrastrukturanforderungen wie ein groß angelegtes Projekt bei einem Tech-Giganten, und es kann schwierig sein, im Voraus zu wissen, welche Herausforderungen die Deployments mit sich bringen werden. Es gibt gängige Tools und Best Practices, aber es gibt keine einheitlichen CI/CD-Ansatz, der universell verwendet werden kann. Das bedeutet, dass der beste Lösungsansatz darin besteht, mit einem einfachen (aber voll funktionsfähigen) CI/CD-Workflow zu beginnen und im Laufe des Prozesses zusätzliche oder anspruchsvollere Schritte einzuführen, wenn Qualitäts- oder Skalierungsprobleme auftreten.

ML-Artefakte bauen

Das Ziel einer Continuous-Integration-Pipeline ist es, unnötigen Aufwand beim Zusammenführen (*Mergen*) der Arbeit von mehreren Beteiligten zu vermeiden sowie Fehler oder Entwicklungskonflikte so früh wie möglich zu erkennen. Der allererste Schritt ist die Verwendung zentraler Versionskontrollsysteme (leider ist es teilweise noch immer üblich, wochenlang an Code zu arbeiten, der nur auf einem Laptop gespeichert ist).

Das am weitesten verbreitete Versionskontrollsystem ist Git, ein Open-Source-Programm, das ursprünglich zur Verwaltung des Quellcodes des Linux-Kernels entwickelt wurde. Die Mehrheit der Software Engineers auf der ganzen Welt verwendet Git bereits, und es wird zunehmend auch im wissenschaftlichen Bereich und in der Data Science eingesetzt. Es sorgt unter anderem dafür, dass eine klare Historie der Änderungen erhalten bleibt, ein sicheres Rollback zu einer früheren Version des Codes möglich ist und mehrere Mitwirkende an ihren eigenen Branches des Projekts arbeiten können, bevor diese im Main-Branch zusammengeführt werden.

Git ist für Programmcode geeignet, wurde aber nicht zur Speicherung anderer Arten von Objekten entwickelt, die in Data-Science-Workflows häufig vorkommen, z.B. großer Binärdateien (wie etwa trainierter Modellgewichte), oder für die Versionierung der Daten selbst. Die Datenversionierung ist ein komplexeres Thema mit zahlreichen Lösungen, wie beispielsweise Git-Erweiterungen oder entsprechende Dateiformate und Datenbanken.

Was beinhaltet ein ML-Artefakt?

Sobald sich der Programmcode und die Daten in einem zentralen Repository befinden, muss ein testbares und deploybares Bundle bzw. Paket des Projekts erstellt werden. Diese Bundles werden im Kontext von CI/CD üblicherweise als *Artefakte* bezeichnet. Jedes nachfolgende Element muss zu einem Artefakt gebündelt werden, das eine Testpipeline durchläuft und zum Deployment in der Produktivumgebung bereitgestellt wird:

- Der Quellcode des Modells und dessen Vorverarbeitungsschritte.
- Die Hyperparameter und deren Konfiguration.
- Die Trainings- und Validierungsdaten.
- Das trainierte Modell in seiner ausführbaren Form.

- Die Umgebung einschließlich Bibliotheken mit bestimmten Versionen, Umgebungsvariablen usw.
- Die Dokumentation.
- Der Programmcode und die Daten für verschiedene Testszenarien.

Die Testpipeline

Wie in Kapitel 5 erwähnt, kann die Testpipeline eine Vielzahl von Eigenschaften des im Artefakt enthaltenen Modells validieren. Einer der wichtigen operativen Aspekte des Testens ist, dass gute Tests nicht nur die Einhaltung der Anforderungen überprüfen, sondern es auch so einfach wie möglich machen sollten, die Fehlerquelle auszumachen, wenn sie fehlschlagen.

Aus diesem Grund ist die Namensgebung der Tests extrem wichtig. Zudem sollten Sie mehrere Datensätze nutzen, anhand deren das Modell validiert werden soll, und diese sorgfältig auswählen, zum Beispiel:

- Ein Test auf einem festen (nicht automatisch aktualisierten) Datensatz mit einfachen Daten und nicht zu restriktiven Leistungsschwellenwerten kann zuerst ausgeführt und als »Basisfall« bezeichnet werden. Wenn die Testberichte zeigen, dass dieser Test fehlgeschlagen ist, besteht eine hohe Wahrscheinlichkeit, dass das Modell weit danebenliegt, und die Ursache kann z.B. ein Programmierfehler oder eine unsachgemäße Verwendung des Modells sein.
- Dann könnte eine Reihe von Datensätzen, die jeweils eine spezifische Besonderheit (fehlende Werte, Extremwerte usw.) aufweisen, mit entsprechend benannten Tests verwendet werden, damit der Testbericht sofort die Art von Daten anzeigt, die das Modell wahrscheinlich zum Fehlschlagen bringt. Diese Datensätze können realistische und zugleich ungewöhnliche Fälle darstellen. Es kann aber auch sinnvoll sein, synthetische Daten zu erzeugen, die im Produktivbetrieb nicht erwartet werden. Dies könnte das Modell möglicherweise vor neuen, noch nicht angetroffenen Situationen schützen, aber vor allem könnte dies das Modell vor Fehlfunktionen bei der Abfrage des Systems oder vor Adversarial Attacks (wie im Abschnitt »Potenzielle Sicherheitsrisiken im Zusammenhang mit Machine Learning« auf Seite 89 besprochen) schützen.
- Ein wesentlicher Teil der Modellvalidierung besteht dann im Testen mit aktuellen Produktionsdaten. Es sollten ein oder mehrere Datensätze verwendet werden, die aus mehreren Zeitfenstern extrahiert und entsprechend benannt werden. Diese Kategorie von Tests sollte durchgeführt und automatisch ausgewertet werden, wenn das Modell bereits produktiv eingesetzt wird. Kapitel 7 gibt Ihnen einen genaueren Einblick darin, wie das funktioniert.

Diese Tests so weit wie möglich zu automatisieren, ist essenziell und in der Tat eine Schlüsselkomponente einer effizienten MLOps-Strategie. Fehlende Automatisierung oder mangelnde Geschwindigkeit bedeutet, Zeit zu verlieren. Was jedoch noch wichtiger ist: Das Entwicklungsteam wird auf diese Weise davon abgehalten, häufig zu testen und zu deployen, was die Entdeckung von Fehlern oder konzeptionellen Entscheidungen, die ein Deployment in die Produktivumgebung unmöglich machen, verzögern kann.

Im Extremfall kann es passieren, dass ein Entwicklungsteam ein monatelang andauerndes Projekt an ein Deployment-Team übergibt, das es schlichtweg ablehnt, weil es die Anforderungen an die Produktionsinfrastruktur nicht erfüllt. Außerdem bedeuten weniger häufige Releases größere Änderungen, die schwieriger zu verwalten sind. Wenn viele Änderungen auf einmal implementiert werden und das System sich nicht wie gewünscht verhält, ist die Eingrenzung der Ursache des Problems zeitaufwendiger.

Das in der Softwareentwicklung am weitesten verbreitete Tool für die Continuous Integration ist Jenkins, ein sehr flexibles Build-System, das den Aufbau von CI/CD-Pipelines unabhängig von der Programmiersprache oder dem Test-Framework usw. ermöglicht. Jenkins kann ebenfalls in der Data Science verwendet werden, um CI/CD-Pipelines zu orchestrieren, wenngleich es auch viele andere Optionen gibt.

Deployment-Strategien

Um die Details einer Deployment-Pipeline zu verstehen, ist es wichtig, zunächst mehrere Begriffe und dahinterstehende Konzepte zu unterscheiden, die oft uneinheitlich verwendet oder gar verwechselt werden.

Integration
: Der Prozess des Zusammenführens (*Merging*) von Contributions in einem zentralen Repository (typischerweise das Merging eines Git-Feature-Branch in den Main-Branch) und die Durchführung von mehr oder weniger komplexen Tests.

Delivery
: Wie im Continuous-Delivery-(CD-)Teil von CI/CD verwendet, bezeichnet dies den Prozess der Erstellung einer vollständig paketierten und validierten Version des Modells, die bereit ist, in die Produktivumgebung deployt zu werden.

Deployment
: Der Prozess der Inbetriebnahme einer neuen Modellversion in einer Zielinfrastruktur. Ein vollständig automatisiertes Deployment ist nicht immer praktikabel oder wünschenswert und stellt ebenso eine geschäftliche wie eine technische Entscheidung dar, während Continuous Delivery dem Entwicklungsteam die Möglichkeit bietet, die Produktivität und die Qualität zu verbessern sowie den Fortschritt zuverlässiger zu erfassen. Continuous Delivery ist für ein kontinuierliches Deployment erforderlich, bietet aber auch darüber hinaus einen enormen Wert.

Release
: Im Prinzip ist das Release bzw. die Freigabe ein weiterer Schritt, da das Deployment einer Modellversion (auch in der Produktionsinfrastruktur) nicht zwangs-

läufig bedeutet, dass die Arbeitslast im Produktivbetrieb auf die neue Version ausgerichtet wird. Wie wir noch sehen werden, können mehrere Versionen eines Modells gleichzeitig in der Produktivumgebung ausgeführt werden.

Wenn sich alle am MLOps-Prozess beteiligten Personen darüber einig sind, was diese Konzepte bedeuten und wie sie anzuwenden sind, können die Prozesse sowohl auf der technischen als auch auf der geschäftlichen Seite reibungsloser ablaufen.

Varianten des Modell-Deployments

Zusätzlich zu den verschiedenen Deployment-Strategien gibt es grundsätzlich zwei verschiedene Ansätze, das Deployment umzusetzen:

- Das *Batch-Scoring*, bei dem ganze Datensätze von einem Modell verarbeitet werden, z. B. in täglich geplanten Routinen.
- Das *Real-Time-Scoring*, bei dem ein oder eine kleine Anzahl von Datenpunkten bzw. Beobachtungen in Echtzeit ausgewertet werden, z. B. wenn eine Anzeige auf einer Webseite angezeigt wird und die Sitzung eines Nutzers durch ein Modell ausgewertet wird, um zu entscheiden, was angezeigt werden soll.

Es gibt ein gewisses Spektrum zwischen diesen beiden Ansätzen, und in der Tat ist in einigen Systemen die Auswertung (*Scoring*) eines Datenpunkts technisch gesehen identisch mit den Anforderungen, die sich ergeben, wenn ein ganzes Batch ausgewertet wird. In beiden Fällen können mehrere Instanzen des Modells eingesetzt werden, um den Durchsatz zu erhöhen und die Latenz wenn möglich zu senken.

Der Einsatz von vielen Real-Time-Scoring-Systemen ist konzeptionell einfacher, da die auszuwertenden Datenpunkte auf mehrere Rechnersysteme verteilt werden können (z. B. mithilfe eines Load Balancer). Das Batch-Scoring kann ebenfalls parallelisiert werden, etwa durch Verwendung einer Laufzeitumgebung, die eine parallele Verarbeitung ermöglicht (z. B. Apache Spark), aber auch durch die Aufteilung von Datensätzen (was normalerweise als *Partitionierung* oder *Sharding* bezeichnet wird) und eine voneinander unabhängige Auswertung der Partitionen. Beachten Sie, dass diese beiden Konzepte, also sowohl die Aufteilung der Daten als auch die parallele Verarbeitung, kombiniert werden können, da sie unterschiedliche Probleme adressieren können.

Überlegungen beim Überführen von Modellen in die Produktivumgebung

Wenn eine neue Modellversion in die Produktion geschickt wird, besteht die erste Überlegung oft darin, Ausfallzeiten zu vermeiden, insbesondere bei Real-Time-Scoring-Systemen. Die Grundidee besteht darin, ein neues System neben dem bereits vorhandenen stabilen System einzurichten, anstatt das System außer Betrieb zu setzen, es zu aktualisieren und dann wieder in Betrieb zu nehmen. Wenn es funktionstüchtig ist, kann die Arbeitslast auf die neu eingesetzte Version geleitet werden (und sobald sie sich als funktionsfähig erweist, wird die alte stillgelegt). Diese Deployment-Strategie wird *Blue-Green-* oder manchmal *Red-Black-Deployment* genannt. Es gibt zahlreiche Abwandlungen und Frameworks (wie Kubernetes), die dies von Haus aus zu leisten imstande sind.

Eine andere, etwas fortschrittlichere Lösung zur Verringerung von Risiken sind Canary-Releases (auch *Canary-Deployments* genannt). Die Idee ist, dass die stabile Version des Modells weiterhin im Produktiveinsatz ist, aber ein bestimmter Prozentsatz der Arbeitslast auf das neue Modell umgeleitet wird und die Ergebnisse überwacht werden. Diese Strategie wird in der Regel für Real-Time-Scoring-Systeme implementiert, allerdings könnte ein ähnlicher Ansatz auch für das Batch-Scoring in Betracht gezogen werden.

Es kann eine Reihe von Rechenleistungs- und statistischen Tests durchgeführt werden, um zu entscheiden, ob vollständig auf das neue Modell umgestellt werden soll, möglicherweise in mehreren prozentualen Anpassungsschritten bezüglich der Arbeitslast. Auf diese Weise würde eine Fehlfunktion wahrscheinlich nur einen kleinen Teil der Arbeitslast beeinträchtigen.

Canary-Releases sind für Produktionssysteme vorgesehen, sodass jede Fehlfunktion als Vorfall betrachtet wird. Die Idee dabei ist, das Ausmaß einer Fehlfunktion zu begrenzen. Beachten Sie, dass die Abfragen, die vom Canary-Modell ausgewertet werden (*Scoring*), sorgfältig ausgewählt werden sollten, da sonst einige Probleme unbemerkt bleiben könnten. Wenn das Canary-Modell zum Beispiel einen kleinen Prozentsatz einer Region oder eines Landes bedient, bevor das Modell vollständig global freigegeben wird, könnte es sein, dass das Modell (aus Gründen des ML-Modells oder der Infrastruktur) in anderen Regionen nicht die erwartete Leistung erbringt.

Ein zuverlässigerer Ansatz liegt darin, den Anteil der Anwender, die von dem neuen Modell bedient werden, zufällig auszuwählen. Allerdings ist es dann für die Anwenderfreundlichkeit oft wünschenswert, einen Mechanismus (*Affinity Mechanism*) zu implementieren, der sicherstellt, dass derselbe Anwender immer dieselbe Version des Modells verwendet.

Canary-Tests können zur Durchführung von A/B-Tests eingesetzt werden, bei denen zwei Versionen einer Anwendung in Bezug auf eine betriebliche Leistungskennzahl (KPI) verglichen werden. Die beiden Konzepte sind zwar verwandt, aber nicht identisch, da sie nicht auf der gleichen Abstraktionsebene operieren. A/B-Tests können durch ein Canary-Release ermöglicht werden, sie können aber auch als Logik implementiert werden, die direkt in eine einzelne Version einer Anwendung programmiert wird. Kapitel 7 gibt Ihnen weitere Einzelheiten zu den statistischen Aspekten der Durchführung von A/B-Tests an die Hand.

Zusammenfassend kann festgehalten werden, dass Canary-Releases ein leistungsfähiges Instrument sind, aber sie erfordern etwas fortgeschrittene Tools, um das Deployment zu verwalten, die Kennzahlen zu ermitteln, Berechnungen zu spezifizieren und auszuführen, die Ergebnisse anzuzeigen sowie Warnmeldungen zu versenden und zu verarbeiten.

Wartung von Modellen im Produktivbetrieb

Sobald ein Modell in Betrieb genommen wurde, muss es gewartet werden. Im Großen und Ganzen sind drei Maßnahmen zur Wartung (engl. *Maintenance*) zu unterscheiden:

Monitoring der Ressourcen
: Wie bei jeder Anwendung, die auf einem Server läuft, kann das Sammeln von Informationen wie CPU-, Speicher-, Festplatten- oder Netzwerknutzung nützlich sein, um Probleme zu erkennen und zu beheben.

Zustand prüfen
: Um zu prüfen, ob das Modell tatsächlich in Betrieb ist, und um seine Latenz zu analysieren, ist es üblich, einen Zustandsprüfungsmechanismus (*Health Check*) zu implementieren, der das Modell in festen Zeitabständen (in der Größenordnung von einer Minute) abfragt und die Ergebnisse protokolliert.

Monitoring der Qualitätsmaße von ML-Modellen
: Hier geht es darum, die Genauigkeit des Modells zu analysieren und es mit einer anderen Version zu vergleichen oder zu erfassen, wann es veraltet ist. Da dies umfangreiche Berechnungen erfordern kann, geschieht das typischerweise mit geringerer Häufigkeit – dies hängt aber wie immer von der Anwendung ab. Typischerweise wird es einmal pro Woche vorgenommen. Kapitel 7 bietet Ihnen weitere Einzelheiten dazu, wie sich diese Feedback-Schleife umsetzen lässt.

Wenn eine Fehlfunktion festgestellt wird, kann ein Rollback zu einer früheren Version erforderlich sein. Es ist wichtig, dass das Rollback-Verfahren einsatzbereit ist und so weit wie möglich automatisiert abläuft. Durch regelmäßige Tests kann sichergestellt werden, dass es tatsächlich funktioniert.

Containerisierung

Wie bereits beschrieben, gehört zur Verwaltung der Versionen eines Modells viel mehr als nur das Speichern seines Programmcodes in einem Versionskontrollsystem. Vor allem bedarf es einer genauen Beschreibung der Umgebung (dazu gehören z. B. alle verwendeten Python-Bibliotheken sowie deren Versionen, die Systemabhängigkeiten, die installiert werden müssen, usw.).

Es reicht jedoch nicht aus, diese Metadaten zu speichern. Beim Produktiv-Deployment sollte diese Umgebung auf dem Zielsystem automatisch und zuverlässig neu erstellt werden. Darüber hinaus werden auf dem Zielsystem in der Regel mehrere Modelle gleichzeitig ausgeführt, sodass zwei Modelle möglicherweise inkompatible Abhängigkeiten aufweisen. Schließlich können mehrere Modelle, die auf demselben

System ausgeführt werden, um Ressourcen konkurrieren, und ein fehlerhaftes Modell kann die Leistung mehrerer gemeinsam gehosteter Modelle beeinträchtigen.

Um diese Herausforderungen zu meistern, wird zunehmend die Containerisierungstechnologie eingesetzt. Diese Tools bündeln eine Anwendung zusammen mit allen zugehörigen Konfigurationsdateien, Bibliotheken und Abhängigkeiten, die für die Ausführung in unterschiedlichen Betriebsumgebungen erforderlich sind. Im Gegensatz zu virtuellen Maschinen (VMs) wird bei Containern nicht das komplette Betriebssystem dupliziert; mehrere Container teilen sich ein gemeinsames Betriebssystem und sind daher weitaus ressourcenschonender.

Die bekannteste Containerisierungstechnologie ist die Open-Source-Plattform Docker. Sie wurde im Jahr 2014 veröffentlicht und hat sich zum De-facto-Standard entwickelt. Sie ermöglicht es, eine Anwendung zu paketieren, an einen Server (den Docker-Host) zu senden und sie mit all ihren Abhängigkeiten isoliert von anderen Anwendungen auszuführen.

Der grundlegende Aufbau einer Modellbereitstellungsumgebung, in der mehrere Modelle, von denen jedes mehrere Kopien bzw. Replikationen umfassen kann, bereitgestellt werden können, erfordert möglicherweise mehrere Docker-Hosts. Das Framework sollte beim Deployment eines Modells eine Reihe von Problemen lösen:

- Welche(r) Docker-Host(s) soll(en) den Container abrufen?
- Wenn ein Modell mit mehreren Kopien deployt wird, wie kann die Arbeitslast verteilt werden?
- Was passiert, wenn das Modell nicht mehr reagiert, z.B. wenn der Server, auf dem es gehostet wird, ausfällt? Wie kann das erkannt und der Container erneut bereitgestellt werden?
- Wie kann ein Modell, das auf mehreren Systemen läuft, mit der Gewissheit aktualisiert werden, dass alte und neue Versionen entfernt bzw. hinzugefügt werden und dass der Load Balancer in der richtigen Reihenfolge aktualisiert wird?

Mit Kubernetes, einer Open-Source-Plattform, die in den letzten Jahren stark an Zugkraft gewonnen hat und sich zum Standard für die Containerorchestrierung entwickelt, werden diese und viele andere Probleme stark vereinfacht. Kubernetes bietet eine leistungsfähige, deklarative API, um Anwendungen in einer Gruppe von Docker-Hosts, einem sogenannten *Kubernetes-Cluster*, auszuführen. Das Wort »deklarativ« bedeutet, dass Benutzer nicht versuchen, die Schritte zum Einrichten, Überwachen, Aktualisieren, Stoppen und Verbinden des Containers in Programmcode auszudrücken (was komplex und fehleranfällig sein kann), sondern in einer Konfigurationsdatei den gewünschten Zustand angeben, den Kubernetes dann umsetzt und aufrechterhält.

Der Benutzer muss Kubernetes zum Beispiel nur mitteilen: »Stellen Sie sicher, dass vier Instanzen dieses Containers jederzeit laufen«, und Kubernetes weist die Hosts zu, startet die Container, überwacht sie und startet eine neue Instanz, wenn eine von ihnen ausfällt. Außerdem bieten alle führenden Cloud-Anbieter verwaltete Kubernetes-Dienste an; die Benutzer müssen Kubernetes nicht einmal selbst installieren und warten. Wenn eine Anwendung oder ein Modell als Docker-Container paketiert ist, können Kubernetes-Nutzer ihn direkt einreichen, und der Dienst stellt die erforderlichen Systeme bereit, um eine oder mehrere Instanzen des Containers in Kubernetes auszuführen.

Docker und Kubernetes bieten zusammen eine leistungsstarke Infrastruktur zum Hosten von Anwendungen – einschließlich ML-basierter Modelle. Der Einsatz dieser Tools vereinfacht es erheblich, Deployment-Strategien wie z. B. Blue-Green-Deployments oder Canary-Releases zu implementieren, obwohl sie die Art der bereitgestellten Anwendungen nicht kennen und daher die Leistungsanalyse der ML-Modelle nicht von Haus aus verwalten können. Ein weiterer großer Vorteil dieser Art von Infrastruktur ist die Möglichkeit, das Deployment des Modells auf einfache Weise zu skalieren.

Deployments skalieren

Mit der zunehmenden Verbreitung von ML-basierten Produkten stehen Unternehmen vor zwei Arten von Wachstumsherausforderungen:

- der Herausforderung, ein Modell in der Produktion zu verwenden, das sehr große Datenmengen verarbeiten muss, sowie
- der Herausforderung, eine immer größere Anzahl von Modellen zu trainieren und zu deployen.

Die Handhabung größerer Datenmengen für die Echtzeitauswertung wird durch Frameworks wie Kubernetes wesentlich erleichtert. Da trainierte Modelle in den meisten Fällen im Wesentlichen Formeln sind, können sie im Cluster in beliebig vielen Kopien angelegt werden. Mit den automatischen Skalierungsfunktionen in Kubernetes werden sowohl die Bereitstellung neuer Maschinen als auch das Load Balancing vollständig vom Framework übernommen. Zudem ist die Einrichtung eines Systems mit enormen Skalierungsmöglichkeiten nun relativ einfach. Die größte Schwierigkeit kann dann darin bestehen, die große Menge an Monitoring-Daten zu verarbeiten. In Kapitel 7 wird diese Problematik noch konkreter aufgegriffen.

Skalierbare und elastische Systeme

Ein Rechnersystem wird als horizontal skalierbar (oder einfach nur skalierbar) bezeichnet, wenn es möglich ist, schrittweise weitere Maschinen hinzuzufügen, um seine Rechenleistung zu erweitern. Zum Beispiel kann ein Kubernetes-Cluster auf Hunderte von Maschinen erweitert werden. Wenn ein System jedoch nur eine Maschine umfasst, kann es eine Herausforderung sein, es schrittweise in erheblichem Umfang zu erweitern, und irgendwann wird eine Migration auf eine größere Maschine oder ein horizontal skalierbares System erforderlich sein (was sehr teuer werden kann und eine Unterbrechung des Diensts erfordert).

Ein elastisches System ermöglicht es – zusätzlich zur Skalierbarkeit –, dass Ressourcen einfach hinzugefügt und entfernt werden können, um den Rechenanforderungen zu entsprechen. Zum Beispiel kann ein Kubernetes-Cluster in der Cloud über eine Skalierungsfunktion verfügen, die automatisch Maschinen hinzufügt, wenn die Nutzungskennzahlen des Clusters hoch sind, und sie entfernt, wenn sie niedrig sind. Grundsätzlich können flexible Systeme die Nutzung von Ressourcen optimieren; sie passen sich automatisch an eine steigende Nutzung an, ohne dass Ressourcen, die selten benötigt werden, dauerhaft bereitgestellt werden müssen.

Bei der batchweisen Auswertung (*Batch-Scoring*) kann die Situation etwas komplexer sein. Wenn die Datenmenge zu groß wird, gibt es im Wesentlichen zwei Arten von Strategien, um die Berechnungen zu verteilen:

- Die eine Strategie ist, ein Framework zu verwenden, das verteilte Berechnungen standardmäßig unterstützt, namentlich vor allem Spark. Spark ist ein Open-Source-Framework für verteilte Berechnungen. Es ist nützlich zu verstehen, dass Spark und Kubernetes unterschiedliche Rollen spielen und miteinander kombiniert werden können. Kubernetes orchestriert Container, aber es weiß nicht, was die Container tatsächlich tun. Soweit es Kubernetes betrifft, sind sie nur Container, die eine Anwendung auf einem bestimmten Host ausführen. (Kubernetes hat kein Konzept für die Datenverarbeitung, da es zum Ausführen jeder Art von Anwendung verwendet werden kann.) Spark ist ein Computing-Framework, das die Daten und die Berechnungen auf seine Knoten verteilen kann. Ein zeitgemäßer Weg, Spark zu verwenden, führt über Kubernetes. Um einen Spark-Job auszuführen, wird die gewünschte Anzahl von Spark-Containern über Kubernetes gestartet; sobald sie gestartet sind, können sie kommunizieren, um die Berechnungen abzuschließen, woraufhin die Container wieder entfernt werden und die Ressourcen für andere Anwendungen verfügbar sind – einschließlich anderer Spark-Jobs, die unterschiedliche Spark-Versionen oder Abhängigkeiten haben können.
- Eine andere Möglichkeit, das Batch-Scoring zu verteilen, ist die Partitionierung der Daten. Es gibt viele verschiedene Ansätze, um das zu erreichen, doch die allgemeine Idee ist, dass das Scoring typischerweise eine Zeile-für-Zeile-Operation ist (jede Zeile wird einzeln ausgewertet) und die Daten auf irgendeine Weise aufgeteilt werden können, sodass mehrere Maschinen jeweils eine Teilmenge der Daten einlesen und auswerten können.

In Bezug auf die Berechnungen gestaltet es sich etwas einfacher, die Anzahl der Modelle zu erhöhen. Der Schlüssel liegt darin, mehr Rechenleistung bereitzustellen und sicherzustellen, dass die Monitoring-Infrastruktur die Arbeitslast bewältigen kann. Doch im Hinblick auf die Governance und andere Prozesse stellt dies die größte Herausforderung dar.

Vor allem die Erhöhung der Anzahl der Modelle bedeutet, dass die CI/CD-Pipeline in der Lage sein muss, eine große Anzahl von Deployments zu verarbeiten. Mit der steigenden Anzahl von Modellen wächst auch der Bedarf an Automatisierung und Governance, da eine manuelle Überprüfung gegebenenfalls unsystematisch oder inkonsistent sein kann.

Bei einigen Anwendungen ist es möglich, sich auf ein vollautomatisches Continuous Deployment zu verlassen, wenn die Risiken durch automatisierte Validierung, Canary-Releases und automatisierte Canary-Analysen gut beherrscht werden. Es kann zahlreiche Herausforderungen in Bezug auf die genutzte Infrastruktur geben, da unter anderem das Training, die Erstellung von Modellen und die Validierung anhand von Testdaten alle auf Clustern und nicht auf einer einzelnen Maschine durchgeführt werden müssen. Außerdem kann bei einer größeren Anzahl von Modellen die CI/CD-Pipeline der einzelnen Modelle stark variieren, und wenn keine Maßnahmen ergriffen werden, muss jedes Team seine eigene CI/CD-Pipeline für jedes Modell entwickeln.

Dies ist aus Effizienz- und Governance-Gesichtspunkten suboptimal. Während einige Modelle sehr spezifische Validierungspipelines benötigen, können die meisten Projekte wahrscheinlich eine begrenzte Anzahl von gemeinsamen Mustern verwenden. Darüber hinaus wird die Wartung sehr viel komplexer, da es z.B. ungünstig sein kann, einen neuen systematischen Validierungsschritt zu implementieren, weil die Pipelines nicht unbedingt eine gemeinsame Struktur haben und dann nicht mehr sicher aktualisiert werden können, auch nicht programmatisch. Durch eine einheitliche Vorgehensweise und standardisierte Pipelines lässt sich die Komplexität begrenzen. Ein spezielles Tool zur Verwaltung einer großen Anzahl von Pipelines kann ebenfalls eingesetzt werden. Netflix hat beispielsweise Spinnaker veröffentlicht, eine Open-Source-Plattform für Continuous Deployment und Infrastrukturmanagement.

Anforderungen und Herausforderungen

Beim Deployment eines Modells gibt es mehrere mögliche Ansätze:

- Ein Modell, das auf einem Server bereitgestellt wird.
- Ein Modell, das auf mehreren Servern bereitgestellt wird.
- Mehrere Versionen eines Modells, die auf einem Server bereitgestellt werden.
- Mehrere Versionen eines Modells, die auf mehreren Servern bereitgestellt werden.
- Mehrere Versionen von mehreren Modellen, die auf mehreren Servern bereitgestellt werden.

Ein effektives Protokollierungs- bzw. Logging-System sollte in der Lage sein, zentral gespeicherte Daten zu erzeugen, die vom Modellentwickler oder dem ML-Engineer ausgewertet werden können – normalerweise außerhalb der Produktivumgebung. Genauer gesagt, sollten alle folgenden Situationen abgedeckt sein:

- Das System kann auf Auswertungsprotokolle von mehreren Servern zugreifen und diese abrufen, sowohl für den Fall, dass die Daten in Echtzeit ausgewertet werden, als auch für den Fall, dass die Daten batchweise ausgewertet werden.
- Wenn ein Modell auf mehreren Servern bereitgestellt wird, kann das System die Zuordnung und Bündelung aller Informationen pro Modell über die Server hinweg verwalten.
- Wenn ein Modell auf mehreren Servern bereitgestellt wird, kann das System die Zuordnung und Bündelung aller Informationen pro Version des Modells über die Server hinweg verwalten.

Was die Herausforderungen betrifft, so kann bei umfangreichen ML-Anwendungen die Anzahl der generierten Ereignisprotokolle ein Problem darstellen, wenn keine Vorverarbeitungsschritte zum Filtern und Bündeln der Daten vorhanden sind. Für Anwendungsfälle mit Echtzeit-Scoring erfordert das Logging von Streaming-Daten die Einführung eines völlig neuen Toolsets, dessen Wartung mit einem erheblichen technischen Aufwand verbunden ist. Da das Ziel der Überwachung jedoch in beiden Fällen in der Regel darin besteht, aggregierte Kennzahlen zu schätzen, kann es akzeptabel sein, nur eine Teilmenge der getroffenen Vorhersagen zu speichern.

Abschließende Überlegungen

Modelle in die Produktivumgebung zu deployen, ist eine Schlüsselkomponente von MLOps. Wie in diesem Kapitel beschrieben, kann das Vorhandensein der richtigen Prozesse und Tools sicherstellen, dass dies schnell umgesetzt werden kann. Die gute Nachricht ist, dass viele der Erfolgselemente, insbesondere CI/CD Best Practices, nicht neu sind. Sobald die beteiligten Teams verstehen, wie sie auf ML-Modelle angewendet werden können, hat das Unternehmen eine gute Grundlage, auf der es aufbauen kann, um auch gleichzeitig die MLOps-Prozesse skalieren zu können.

KAPITEL 7

Monitoring und Feedback-Schleife

Du Phan

Wenn ein Machine-Learning-Modell im Produktivbetrieb ist, kann es sich schnell – und ohne Vorwarnung – qualitativ verschlechtern, bis es schließlich zu spät ist und das Modell somit gegebenenfalls einen negativen Einfluss auf das Unternehmen hat. Deshalb ist die Überwachung von Modellen ein entscheidender Schritt im Lebenszyklus von ML-Modellen und ein wichtiger Bestandteil guter MLOps-Praktiken (dargestellt in Abbildung 7-1 im Rahmen des gesamten Lebenszyklus).

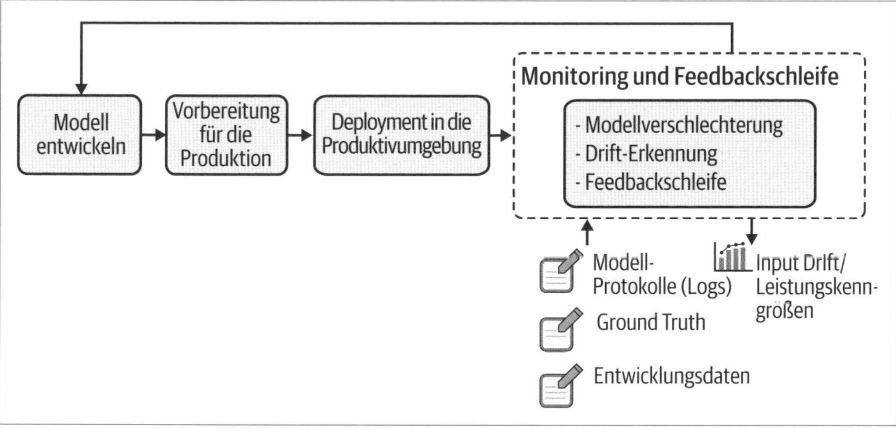

Abbildung 7-1: Monitoring und Feedback-Schleife im größeren Kontext des ML-Projektlebenszyklus

ML-Modelle müssen in zweierlei Hinsicht überwacht werden:

- Auf Ressourcenebene, einschließlich der Sicherstellung, dass das Modell in der Produktivumgebung korrekt läuft. Zu den wichtigsten Fragen gehören: Ist das System aktiv? Verhalten sich die Prozessoren, der Arbeitsspeicher, die Netzwerkauslastung und der Festplattenspeicher wie erwartet? Werden die Anfragen mit der erwarteten Ausführungsgeschwindigkeit verarbeitet?

- Auf Leistungsebene, d.h. bei der Überwachung der Genauigkeit bzw. der Güte des Modells im Laufe der Zeit. Zu den wichtigsten Fragen gehören: Bildet das Modell die Eigenschaften der neu eingehenden Daten immer noch zutreffend ab? Ist es noch so akkurat wie in der Entwicklungsphase?

Die erste Ebene ist ein traditionelles DevOps-Thema, das in der Literatur ausführlich behandelt wurde (und auch in Kapitel 6). Die zweite Ebene ist allerdings etwas komplizierter. Warum? Weil die Genauigkeit eines Modells von den Daten abhängt, auf denen es trainiert wurde. Dies hängt entscheidend davon ab, wie repräsentativ diese Trainingsdaten für die tatsächlichen Anfragedaten sind, die im realen Betrieb eingehen. Da sich die Welt ständig verändert, kann ein statisches Modell nicht mit neuen Mustern, die entstehen und sich weiterentwickeln, aufwarten – jedenfalls nicht, wenn dem Modell nicht kontinuierlich neue Daten im Rahmen des Trainings zugeführt werden. Während es möglich ist, große Abweichungen bei einzelnen Vorhersagen zu erkennen (siehe Kapitel 5), müssen kleinere, aber dennoch signifikante Abweichungen statistisch ermittelt werden, und zwar unabhängig davon, ob diese mit ihrer Ground Truth in Verbindung gebracht werden können (also auch wenn keine Labels vorhanden sind bzw. ermittelt werden können).

Durch das Monitoring der Modellleistung wird versucht, dieser qualitativen Verschlechterung auf die Spur zu kommen und das Modell zu einem angemessenen Zeitpunkt mit repräsentativeren Daten neu zu trainieren. In diesem Kapitel wird detailliert erläutert, wie Datenteams sowohl das Monitoring als auch den anschließenden Vorgang des erneuten Trainings (des Retrainings) handhaben sollten.

Wie häufig sollten Modelle neu trainiert werden?

Eine der wichtigsten Fragen, die sich die Entwicklerteams in Bezug auf das Monitoring und das Retraining stellen, ist: Wie häufig sollten die Modelle neu trainiert werden? Leider gibt es keine einfache Antwort, da diese Frage von vielen Faktoren abhängt, darunter diese:

Die Domäne
: Modelle, die in Bereichen wie Cybersicherheit oder Echtzeithandel genutzt werden, müssen regelmäßig aktualisiert werden, um mit den ständigen Veränderungen in diesen Bereichen Schritt zu halten. Bei physikalischen Modellen, wie z.B. der Spracherkennung, sind die Modelle im Allgemeinen stabiler, da sich die Muster nur selten abrupt ändern. Aber auch stabilere physikalische Modelle müssen sich an die Veränderungen anpassen: Wie verhält sich ein Spracherkennungsmodell, wenn die Person hustet oder sich der Tonfall der Stimme ändert?

Die Kosten
: Unternehmen müssen abwägen, ob sich die Kosten für das erneute Training im Hinblick auf die Verbesserung der Güte des Modells rentieren. Wenn es z.B. eine Woche dauert, die gesamte Datenpipeline laufen zu lassen und das Modell neu zu trainieren, ist das dann eine Verbesserung von 1 % wert?

Die Leistung bzw. Güte des Modells
: In manchen Situationen wird die Leistung eines Modells durch die begrenzte Verfügbarkeit von Trainingsbeispielen eingeschränkt, sodass die Entscheidung, das Modell neu zu trainieren, davon abhängt, ob genügend neue Daten gesammelt werden können.

Unabhängig von der Domäne ist es entscheidend, wie lange es dauert, die jeweiligen Labels (bzw. die Ground Truth) zu erhalten, da es erst dann möglich ist, das Modell neu zu trainieren. Wenn sich die Qualität eines Modell infolge der Veränderung der Gegebenheiten schneller verschlechtert, als überhaupt neue Labels erlangt werden könnten, ist es sehr riskant, es als Prognosemodell zu verwenden. Fallen die Abweichungen zu groß aus, verbleibt keine andere Möglichkeit, als das Modell aus dem Betrieb zu nehmen. Dementsprechend ist es unwahrscheinlich, dass ein Modell, bei dem es ein Jahr lang dauert, neue Labels zu erhalten, öfter als ein paar Mal pro Jahr aktualisiert wird.

Aus demselben Grund ist es unwahrscheinlich, dass ein Modell auf Daten trainiert wird, die für einen Zeitraum gesammelt wurden, in dem die Ground Truth noch nicht erhoben werden konnte. Das erneute Training wird auch nicht in einem kürzeren Zeitraum durchgeführt werden. Mit anderen Worten: Wenn das Modell häufiger neu trainiert wird, als überhaupt neue Daten erlangt werden können, wird sich die Aktualisierung des Modells kaum auf seine Genauigkeit auswirken.

Es gibt auch zwei organisatorische Einschränkungen, die sich darauf auswirken, wie oft ein Modell neu trainiert bzw. aktualisiert wird:

Obere Grenze
: Es ist empfehlenswert, das Modell einmal im Jahr neu zu trainieren, um sicherzustellen, dass das verantwortliche Team weiterhin die Fähigkeiten dazu besitzt (trotz möglicher Fluktuationen, also der Möglichkeit, dass diejenigen, die das Modell neu trainieren, nicht dieselben sind, die es entwickelt haben) und dass die verwendeten Tools noch aktuell sind.

Untere Grenze
: Nehmen Sie z.B. ein Modell mit nahezu sofortigem Feedback, wie etwa eine Empfehlungsmaschine, bei der der Benutzer innerhalb von Sekunden, nachdem die Vorhersage getroffen wurde, auf die Produktangebote klickt. Fortgeschrittene Deployment-Schemata beinhalten Schattentests oder A/B-Tests, um sicherzustellen, dass das Modell die erwartete Güte aufweist. Da es sich um eine statistische Validierung handelt, dauert es einige Zeit, bis die erforderlichen Informationen gesammelt sind. Dadurch wird zwangsläufig eine untere Grenze für den Zeitpunkt der Aktualisierung des Modells gesetzt. Selbst im einfachsten Fall wird der Vorgang wahrscheinlich eine gewisse manuelle Validierung oder die Möglichkeit eines manuellen Rollbacks vorsehen, was bedeutet, dass es unwahrscheinlich ist, dass es häufiger als einmal pro Tag aktualisiert wird.

Daher ist es sehr wahrscheinlich, dass das Modell zwischen einmal pro Tag und einmal pro Jahr aktualisiert wird. Die einfachste und naheliegende – und auch durchaus vertretbare – Lösung besteht darin, das Modell auf die gleiche Weise und in der gleichen Umgebung neu zu trainieren, in der es ursprünglich trainiert wurde. In einigen kritischen Fällen kann es erforderlich sein, die Aktualisierung in der Produktivumgebung durchzuführen, auch wenn das ursprüngliche Training in einer Entwicklungsumgebung vonstattenging. Doch das Retraining ist in der Regel methodisch identisch mit dem ursprünglichen Trainingsvorgang, sodass die Gesamtkomplexität begrenzt bleibt. Wie immer gibt es eine Ausnahme von dieser Regel: das Online-Learning.

Online-Learning

Manchmal erfordert der Anwendungsfall, dass die verantwortlichen Teams eine Automatisierung über die bestehenden manuellen ML-Pipelines hinaus anstreben, indem sie spezielle Algorithmen verwenden, die sich selbst iterativ trainieren können. (Standardalgorithmen hingegen werden meist von Grund auf neu trainiert – mit Ausnahme von Deep-Learning-Algorithmen).

Diese Algorithmen sind zwar konzeptionell attraktiv, aber auch aufwendiger einzurichten. Der Entwickler muss nicht nur die Güte des Modells auf einem Testdatensatz validieren, sondern auch dessen Verhalten infolge einer Veränderung der Daten beurteilen. (Letzteres ist erforderlich, weil es schwierig ist, ein ungünstiges Modellverhalten infolge des Trainings abzuschwächen, sobald der Algorithmus eingesetzt wird – und es ist schwierig, das Verhalten zu reproduzieren, wenn jeder Trainingsschritt rekursiv auf dem vorherigen aufbaut, weil alle Schritte wiederholt werden müssen, um dem Grund für das ungünstige Verhalten auf die Spur zu kommen). Außerdem sind diese Algorithmen nicht zustandslos: Wenn sie zweimal auf denselben Daten angewandt werden, erhält man nicht dasselbe Ergebnis, weil sie aus dem ersten Durchlauf gelernt haben.

Da es in diesem Zusammenhang keine Standardmethode gibt – wie beispielsweise die Kreuzvalidierung –, fallen die Entwicklungskosten meist höher aus. Das Online-Learning ist ein lebendiger Forschungszweig mit einigen ausgereiften Techniken, wie z. B. Zustandsraummodellen (*State-Space-Modellen*), die jedoch erhebliche Kompetenzen erfordern, um effektiv eingesetzt werden zu können. Online-Learning eignet sich typischerweise für Anwendungsfälle mit Streaming-Daten, obwohl es auch eingesetzt werden kann, wenn die Daten als Mini-Batches vorliegen.

In jedem Fall ist definitiv notwendig, Modelle ab einem gewissen Punkt nach- bzw. neu zu trainieren – es ist keine Frage des »Ob«, sondern eine des »Wann«. ML-Modelle einzusetzen, ohne ein erneutes Training in Betracht zu ziehen, wäre so, als würde man ein unbemanntes Flugzeug von Paris aus in genau die richtige Richtung starten lassen und hoffen, dass es ohne weiteres Zutun sicher in New York City landen wird. Die gute Nachricht ist: Wenn es möglich war, ausreichend Daten zu sammeln, um das Modell beim ersten Mal zu trainieren, ist die Wahrscheinlichkeit groß, dass mehrere Möglichkeiten zur Verfügung stehen, das Modell neu zu trainieren (mit der möglichen Ausnahme von sogenannten *Cross-Trained-Models*, die in einem anderen Kontext verwendet werden, die also zum Beispiel mit Daten aus einem Land trainiert, aber in einem anderen verwendet werden). Daher ist es für Unternehmen wichtig, eine klare Vorstellung von der Diskrepanz der Daten und der Genauigkeit der eingesetzten Modelle zu haben. Hierfür können Prozesse eingerichtet werden, die eine einfache Überwachung und entsprechende Rückmeldungen ermöglichen. Idealerweise ist die Pipeline so angelegt, dass sie automatisch Tests veranlasst, mit denen geprüft wird, ob sich die Güte eines Modells verschlechtert hat.

Es ist wichtig, darauf hinzuweisen, dass das Ziel von Rückmeldungen nicht notwendigerweise darin besteht, einen automatisierten Prozess hinsichtlich des erneuten Trainings, der Validierung und des Deployments anzustoßen. Die Güte eines Modells kann sich aus einer Vielzahl von Gründen verändern, und ein Modell neu zu trainieren, ist nicht immer die Lösung. Es geht darum, den Data Scientist auf die Veränderung aufmerksam zu machen. Dieser kann dann das Problem diagnostizieren und die weitere Vorgehensweise festlegen.

Daher ist es von entscheidender Bedeutung, dass Data Scientists und ihre Manager sowie das Unternehmen als Ganzes (das letztendlich die Instanz ist, die sich mit den geschäftlichen Konsequenzen einer abfallenden Modellleistung und den damit verbundenen Auswirkungen auseinandersetzen muss) die Verschlechterung der Güte von Modellen als Teil von MLOps und des Lebenszyklus von ML-Modellen verstehen. Praktischerweise sollte jedes eingesetzte Modell mit Monitoring-Kennzahlen und entsprechenden Schwellenwerten, ab denen Warnhinweise veranlasst werden, versehen sein, um entsprechende geschäftsrelevante Leistungsabfälle so schnell wie möglich zu erkennen. Die folgenden Abschnitte konzentrieren sich darauf, Ihnen diese Kennzahlen genauer zu erläutern, damit Sie sie für ein bestimmtes Modell definieren können.

Leistungsabfall von Modellen überwachen

Sobald ein ML-Modell trainiert wurde und sich im Produktivbetrieb befindet, gibt es zwei Ansätze, um einen möglichen Leistungsabfall zu überwachen: einerseits die Bewertung auf Basis der Ground Truth und andererseits die Erkennung einer Input-Drift, d.h. einer Diskrepanz der Eingabedaten im Produktivbetrieb im Vergleich zu den Trainingsdaten. Den theoretischen Hintergrund und die Grenzen dieser beiden Ansätze zu verstehen, ist entscheidend für die Bestimmung der besten Strategie.

Bewertung auf Basis der Ground Truth

Um ein Modell auf Basis der Ground Truth, d.h. der wahren Werte der Zielvariablen (bzw. vorherzusagenden Variablen), neu zu trainieren, muss man darauf warten, die entsprechenden Labels zu erhalten. In einem Betrugserkennungsmodell wäre die Ground Truth zum Beispiel die Tatsache, ob eine bestimmte Transaktion tatsächlich einen Betrug darstellt oder nicht. Bei einem Empfehlungssystem bestünde sie darin, ob ein Kunde auf eines der empfohlenen Produkte geklickt bzw. es letztendlich gekauft hat. (Es handelt sich dabei also um den wahren Wert der Zielgröße, den es mit der getroffenen Vorhersage zu vergleichen gilt.)

Mit den neu erfassten wahren Werten der Zielvariablen wird im nächsten Schritt die Güte des Modells ermittelt und mit den protokollierten Gütemaßen aus der Trainingsphase verglichen. Wenn die Abweichung einen Schwellenwert überschreitet, kann das Modell als veraltet angesehen werden und sollte neu trainiert werden.

Die zu überwachenden Kennzahlen bzw. Maße können sich auf zwei verschiedene Bereiche beziehen:

- Statistische Gütemaße wie die Korrektklassifikationsrate, die Fläche unterhalb der ROC-Kurve (AUC) (*https://oreil.ly/tY9Bg*), der logarithmierte Verlust basierend auf der Kreuzentropie (*Log Loss*) usw. Da der Modellentwickler sehr wahrscheinlich bereits eines dieser Maße genutzt hat, um das beste Modell auszuwählen, sollte dieses im Rahmen der Überwachung selbstverständlich die erste Wahl sein. Bei komplexeren Modelle genügt es nicht, die Bewertung der Modellleistung auf Basis von Maßen, die auf die durchschnittliche Güte abzielen, vorzunehmen. Beispielsweise kann es notwendig sein, auch Maße in Betracht zu ziehen, die lediglich auf Basis von bestimmten Untergruppen berechnet werden.
- Geschäftsbezogene Kennzahlen wie die Kosten-Nutzen-Analyse. Zum Beispiel wurden für die Kreditwürdigkeitsprüfung eigene spezifische Kennzahlen (*https://oreil.ly/SqOr5*) entwickelt.

Der Hauptvorteil statistischer Maße besteht darin, dass sie unabhängig von der Domäne sind. Dementsprechend hat der Data Scientist wahrscheinlich eine ziemlich gute Vorstellung davon, wie er die Schwellenwerte am besten festlegen sollte. Um eine Fehlentwicklung möglichst frühzeitig zu entdecken, ist es außerdem möglich, *p*-Werte zu berechnen, um die Wahrscheinlichkeit zu ermitteln, dass der beobachtete Leistungsabfall nicht auf zufällige Schwankungen zurückzuführen ist.

Statistische Grundlagen: von der Nullhypothese zu p-Werten

Die *Nullhypothese* sagt aus, dass es keinen Zusammenhang zwischen den zu vergleichenden Variablen gibt; alle Unterschiede sind auf reinen Zufall zurückzuführen.

Die *Alternativhypothese* drückt hingegen aus, dass die zu vergleichenden Variablen in einem Zusammenhang stehen und die ermittelten Unterschiede statistisch *signifikant* sind; sie stützen die in Betracht gezogene Theorie und beruhen nicht auf Zufall.

> Das statistische Signifikanzniveau wird oft als p-Wert ausgedrückt, dessen Wertebereich zwischen 0 und 1 liegt. Je kleiner der p-Wert ist, desto größer ist die Evidenz, dass man die Nullhypothese verwerfen sollte.

Der Nachteil ist, dass die Verschlechterung der Güte eines Modells statistisch signifikant sein kann, ohne jedoch eine spürbare Auswirkung im Hinblick auf seinen Produktiveinsatz zu haben. Oder schlimmer noch: Die Kosten für das erneute Training und das mit einem erneuten Deployment verbundene Risiko könnten höher sein als der erwartete Nutzen. Deshalb ist es notwendig, den Blick ebenfalls auf Geschäftskennzahlen zu richten. Sie bilden normalerweise einen monetären Wert ab und bieten den Fachexperten bei der Entscheidung, ob sie ein Modell erneut trainieren möchten, eine bessere Grundlage für die Kosten-Nutzen-Abwägung.

Die wahren Werte der getroffenen Vorhersagen (*Ground Truth*) zu überwachen, sollte – sofern möglich – der bevorzugte Ansatz sein. Allerdings kann dies mit Problemen verbunden sein, denn es gibt drei wesentliche Herausforderungen:

- Der wahre Wert (*Ground Truth*) einer getroffenen Vorhersage ist nicht immer in einem kurzen zeitlichen Abstand verfügbar – geschweige denn sofort. Bei einigen Modellen müssen die Teams erst Monate (oder länger) warten, bis sie auf Labels, die Auskunft über den wahren Wert geben, zurückgreifen können. Wenn sich das Modell rapide verschlechtert, kann dies einen erheblichen wirtschaftlichen Verlust nach sich ziehen. Wie bereits ausgeführt, ist der Einsatz eines Modells riskant, bei dem eine Diskrepanz zwischen den im Produktivbetrieb verarbeiteten Daten und den Trainingsdaten (*Drift*) schneller einsetzt, als Labels verfügbar sind. Allerdings ist diese Diskrepanz in den Daten definitionsgemäß nicht vorhersagbar. Dementsprechend müssen bei Modellen, bei denen die Labels erst mit einer großen zeitlichen Verzögerung in Erfahrung gebracht werden können, Maßnahmen zur Schadensbegrenzung vorgenommen werden.
- Die wahren Werte und die getroffenen Vorhersagen sind voneinander entkoppelt. Um die Leistung des eingesetzten Modells auf neuen Daten zu bestimmen, ist es notwendig, den wahren Wert mit der vom Modell getroffenen Vorhersage abgleichen zu können. In vielen Produktivumgebungen gestaltet sich dies schwierig, da beide Informationen in unterschiedlichen Systemen und zu unterschiedlichen Zeitpunkten erfasst und gespeichert werden. Bei kostengünstigen oder kurzlebigen Modellen mag sich die automatische Erfassung des wahren Werts möglicherweise nicht lohnen. Beachten Sie aber, dass dies eher zu kurzsichtig ist, da das Modell früher oder später neu trainiert werden muss.
- Die wahren Werte stehen nur zum Teil zur Verfügung. Bei manchen Anwendungsfällen ist es extrem aufwendig, den wahren Wert für alle Beobachtungen zu erheben. Das bedeutet, dass man sich entscheiden muss, welche Datenpunkte mit Labels versehen werden und damit unbeabsichtigt Verzerrungen (Bias) im System begünstigt.

Die Betrugserkennung ist ein gutes Beispiel für die letzte Art von Herausforderung. Angesichts der Tatsache, dass jede Transaktion manuell untersucht werden muss und der Prozess viel Zeit in Anspruch nimmt: Ist es sinnvoll, den wahren Wert nur für Verdachtsfälle (d.h. für Fälle, in denen das Modell eine hohe Betrugswahrscheinlichkeit ausgibt) zu ermitteln? Auf den ersten Blick scheint der Ansatz vernünftig zu sein. Auf den zweiten kritischen Blick wird jedoch deutlich, dass dadurch eine Rückkopplungsschleife entsteht, die die Fehler des Modells noch verstärkt. Betrugsmuster, die nie vom Modell erfasst wurden (also solche, die laut Modell eine niedrige Betrugswahrscheinlichkeit haben), werden im Rahmen des erneuten Trainings nie eine Berücksichtigung finden.

Eine Lösung für diese Herausforderung könnte sein, die Datenpunkte nach dem Zufallsprinzip (*Random Sampling*) zu labeln und dementsprechend die wahren Werte nur für eine Teilstichprobe von Transaktionen (zusätzlich zu den als verdächtig eingestuften) zu ermitteln. Eine andere Lösung könnte darin bestehen, die verzerrte Stichprobe neu zu gewichten, sodass die Ausprägungen auf die Grundgesamtheit bezogen repräsentativer sind. Wenn z.B. das System Personen mit geringem Einkommen selten einen Kredit gewährt, sollte das Modell sie entsprechend ihrer Gewichtung innerhalb der Verteilung aller Antragsteller oder sogar bezogen auf die Verteilung der Gesamtbevölkerung neu gewichten.

Unabhängig vom gewählten Lösungsansatz sollte die gelabelte Stichprobe letztlich alle möglichen zukünftigen Vorhersagen abdecken, damit das trainierte Modell unabhängig von der Stichprobe akkurate Vorhersagen trifft. Das hat manchmal zur Folge, dass suboptimale Entscheidungen getroffen werden müssen, um zu überprüfen, ob das Modell weiterhin gut verallgemeinert.

Sobald dieses Problem im Zusammenhang mit dem Retraining gelöst ist, kann die Lösung (Neugewichtung, Zufallsstichprobe) im Rahmen des Monitorings verwendet werden. Dieser Ansatz kann ergänzt werden, indem zusätzlich versucht wird, systematische Abweichungen in der Struktur der Eingabedaten (*Drift*) zu erkennen. Auf diese Weise lässt sich sicherstellen, dass auch wahre Werte von Datenpunkten zur Verfügung gestellt werden, die neue, zuvor noch nicht abgedeckte Domänen betreffen, und das Modell unter Berücksichtigung dieser Daten neu trainiert werden kann.

Abweichungen in den Eingabedaten erkennen (Input-Drift-Detection)

In Anbetracht der im vorherigen Abschnitt dargestellten Herausforderungen und Einschränkungen bezüglich des Retrainings mithilfe der wahren Werte könnte der Ansatz, systematische Abweichungen in den Eingabedaten (*Input-Drift*) zu erkennen, praktikabler sein. In diesem Abschnitt wird Ihnen ein kurzer Einblick in die zugrunde liegende Logik hinter diesem Ansatz gegeben, und es werden verschiedene Szenarien vorgestellt, die zu einer Drift von Modellen und Daten führen können.

Angenommen, das Ziel sei es, die Qualität von Bordeauxweinen vorherzusagen, wobei als Trainingsdaten der UCI-Weinqualitätsdatensatz (*https://oreil.ly/VPx17*) verwendet wird, der Informationen über verschiedene Varianten von rotem und weißem portugiesischem Wein, dem sogenannten Vinho Verde, zusammen mit einer Qualitätsbewertung mit Werten zwischen 0 und 10 enthält.

Für jeden Wein sind die folgenden Features erfasst: Typ, beständiger Säuregehalt, flüchtiger Säuregehalt, Zitronensäure, Restzucker, Chloride, freies Schwefeldioxid, Gesamtschwefeldioxid, Dichte, pH-Wert, Sulfate und Alkoholgehalt.

Um das eigentliche Modellierungsproblem zu vereinfachen, nehmen wir an, dass ein guter Wein ein Wein mit einer Qualitätsbewertung gleich oder größer als 7 ist. Das Ziel ist also, ein Modell zu erstellen, das aus den Charakteristika des Weins vorhersagen soll, ob es sich um einen guten oder einen schlechten Wein handelt (binäre Vorhersagevariable).

Um die Auswirkungen von Abweichungen hinsichtlich der Struktur der Daten (*Drift*) zu veranschaulichen, teilen wir den ursprünglichen Datensatz bewusst in zwei Gruppen auf:

- *wine_alcohol_above_11*, die alle Weine mit einem Alkoholgehalt von 11 % und mehr enthält
- *wine_alcohol_below_11*, die alle Weine mit einem Alkoholgehalt von weniger als 11 % umfasst

Wir teilen die Gruppe *wine_alcohol_above_11* wiederum in zwei Teildatensätze auf, um einerseits unser Modell zu trainieren und es andererseits auf Basis der getroffenen Vorhersagen zu evaluieren. Der zweite Datensatz, der die Weine der Gruppe *wine_alcohol_below_11* enthält, behandeln wir als neu eingehende Daten, die ausgewertet werden müssen, sobald das Modell deployt wurde.

Wir haben künstlich ein schwerwiegendes Problem herbeigeführt: Es ist sehr unwahrscheinlich, dass die Qualität eines Weins unabhängig von seinem Alkoholgehalt ist. Schlimmer noch, der Alkoholgehalt korreliert wahrscheinlich unterschiedlich mit den anderen Features in den beiden Datensätzen. Infolgedessen kann das, was auf der Grundlage eines Datensatzes gelernt wird (»Wenn der Restzucker niedrig ist und der pH-Wert hoch, dann ist die Wahrscheinlichkeit, dass der Wein gut ist, hoch.«), hinsichtlich des anderen Datensatzes falsch sein, weil z.B. der Restzucker nicht mehr von Bedeutung ist, wenn der Alkoholgehalt hoch ist.

Mathematisch gesehen, kann davon ausgegangen werden, dass die Beobachtungen der jeweiligen Datensätze nicht aus derselben Verteilung gezogen wurden (d.h., sie sind nicht »identisch verteilt«). Überdies ist eine weitere mathematische Eigenschaft notwendig, um sicherzustellen, dass ML-Algorithmen wie erwartet funktionieren: Unabhängigkeit. Diese Eigenschaft wird verletzt, wenn Beobachtungen in den Datensätzen dupliziert wurden oder wenn es z.B. möglich ist, die »nächste« Beobachtung anhand der vorherigen vorherzusagen.

Nehmen wir an, dass wir trotz dieser offensichtlichen Problematik den Algorithmus auf dem ersten Datensatz trainieren und ihn dann zur Vorhersage auf den zweiten Datensatz anwenden. Die resultierende Verschiebung der Datenverteilung ist die sogenannte Drift. Sie wird als *Feature-Drift* bezeichnet, wenn in dem Modell der Alkoholgehalt als Feature verwendet wird (bzw. wenn der Alkoholgehalt mit anderen vom Modell verwendeten Features korreliert), und als *Concept-Drift*, wenn die Verschiebung die vorherzusagende Zielgröße betrifft.

Drift-Erkennung in der Praxis

Wie zuvor erläutert, sollte das Modellverhalten allein auf Basis der Werte der Features der eingehenden Daten überwacht werden, um zeitnah reagieren zu können, ohne auf die Verfügbarkeit der wahren Werte warten zu müssen.

Die Logik dahinter ist, dass, wenn die Verteilung der Daten (z. B. Mittelwert, Standardabweichung, Korrelationen zwischen den Features) zwischen der Trainings- und der Testphase einerseits[1] und der Entwicklungsphase andererseits voneinander abweichen, dies ein deutlicher Hinweis darauf ist, dass die Leistung des Modells nicht die gleiche sein wird. Es entschärft das Problem jedoch nicht vollständig, da ein erneutes Training auf dem systematisch abweichenden Datensatz keine Option darstellt. Es kann jedoch Teil des Lösungsansatzes sein (z. B. Zurückgreifen auf ein einfacheres Modell oder Neugewichtung).

Mögliche Ursachen für systematische Abweichungen in den Daten

Es gibt zwei häufige Ursachen für eine systematische Abweichung in den Daten (*Data-Drift*):

- Eine Selektionsverzerrung (engl. *Sample Selection Bias*), bei der die zum Training genutzte Stichprobe hinsichtlich der Grundgesamtheit nicht ausreichend repräsentativ ist. Zum Beispiel wird ein Modell zur Bewertung der Effektivität eines Rabattprogramms verzerrt, wenn die besten Rabatte nur für die besten Kunden vorgeschlagen werden. Eine Selektionsverzerrung entsteht oft im Rahmen der Datenerfassungspipeline selbst. Im Beispiel mit den portugiesischen Weinen repräsentiert die ursprüngliche Stichprobe mit Weinen mit einem Alkoholgehalt von über 11 % sicherlich nicht die Grundgesamtheit aller Weine – das stellt eine Stichprobenselektion in ihrer deutlichsten Form dar. Die Verzerrung hätte verringert werden können, wenn einige wenige Weine mit einem Alkoholgehalt von über 11 % beibehalten und entsprechend dem

1 Es ist ebenfalls ratsam, die Diskrepanz zwischen dem Trainings- und dem Testdatensatz zu ermitteln, insbesondere wenn die Erhebung des Testdatensatzes der des Trainingsdatensatzes zeitlich nachgeordnet war. Siehe den Abschnitt »Ein geeignetes Qualitätsmaß auswählen« auf Seite 69 für Einzelheiten.

erwarteten Anteil in der Grundgesamtheit der Weine, die das eingesetzte Modell berücksichtigen soll, neu gewichtet worden wären. Beachten Sie, dass dies in Wirklichkeit leichter gesagt als getan ist, da die problematischen Features oft unbekannt oder vielleicht sogar nicht vorhanden sind.

- Eine sich ändernde Umgebung bzw. Umwelt, in der die aus der Ursprungspopulation gesammelten Trainingsdaten nicht die Zielpopulation repräsentieren. Dies ist häufig bei zeitabhängigen Aufgabenstellungen der Fall – wie z. B. bei Prognoseanwendungen mit starken saisonalen Effekten, bei denen das, was ein Modell für einen bestimmten Monat gelernt hat, nicht auf einen anderen Monat verallgemeinert werden kann. Zurück zum Weinbeispiel: Nehmen wir an, dass die ursprüngliche Stichprobe nur Weine aus einem bestimmten Jahr enthält und es sich dabei um einen besonders guten (oder schlechten) Jahrgang handelt. Ein auf diesen Daten trainiertes Modell lässt sich möglicherweise nicht auf andere Jahre verallgemeinern.

Methoden zur Erkennung systematischer Abweichungen in den Eingabedaten

Sobald man die jeweiligen Umstände verstanden hat, durch die die verschiedenen Arten von Drift verursacht werden, lautet die nächste Frage logischerweise: Wie kann ich eine Drift erkennen? In diesem Abschnitt werden zwei gängige Ansätze vorgestellt. Welcher zu bevorzugen ist, hängt von dem gewünschten Grad der Interpretierbarkeit ab.

Unternehmen, die auf bewährte und erklärbare Methoden zurückgreifen müssen, sollten univariate statistische Tests bevorzugen. Wenn bei mehreren Features gleichzeitig eine komplexe systematische Abweichung (*Drift*) zu erwarten ist – oder wenn die Data Scientists auf Wissen zurückgreifen möchten, das bereits verfügbar ist, und davon ausgehen können, dass der Black-Box-Effekt kein Problem für das Unternehmen darstellt –, kann auch der Ansatz der Klassifikation unter Nutzung von in einem vorherigen Training erlangten Domänenwissen (*Domain Classifier Approach*) eine gute Option sein.

Univariate statistische Testverfahren

Diese Methode erfordert die Anwendung eines statistischen Tests auf Daten, die aus der Ursprungsverteilung und der Zielverteilung eines jeden Features gewonnen werden. Wenn diese Tests zu signifikanten Ergebnissen führen, wird eine Warnmeldung ausgegeben.

Die Auswahl des Hypothesentests wird in der Literatur ausgiebig beleuchtet, aber die grundlegenden Ansätze stützen sich auf die beiden folgenden Testverfahren:

- Für kontinuierliche Features ist der Kolmogorov-Smirnov-Test als nicht parametrischer Hypothesentest geeignet, um zu prüfen, ob zwei Stichproben aus derselben Verteilung hervorgehen. Er bemisst den Abstand zwischen den empirischen Verteilungsfunktionen.

- Bei kategorialen Features stellt der Chi-Quadrat-Test eine geeignete Wahl dar. Mit ihm lässt sich prüfen, ob die beobachteten Häufigkeiten für ein kategoriales Feature in den Zieldaten mit den erwarteten Häufigkeiten aus den Ursprungsdaten übereinstimmen.

Der Hauptvorteil von p-Werten besteht darin, dass sie dabei helfen, Drifts möglichst schnell zu erkennen. Ihr Hauptnachteil ist, dass sie zwar einen Effekt ausweisen, aber die Höhe des Effekts nicht quantifizieren (d.h., bei großen Datensätzen erkennen sie sehr kleine Änderungen, die möglicherweise keine Auswirkung haben). Wenn die Entwicklungsdatensätze sehr groß sind, ist es daher notwendig, die p-Werte durch Geschäftskennzahlen zu ergänzen. Zum Beispiel kann sich bei einem großen Datensatz das Durchschnittsalter aus statistischer Sicht signifikant verschoben haben, aber wenn die Abweichung nur ein paar Monate beträgt, kann diese wahrscheinlich bei vielen geschäftlichen Anwendungsfällen vernachlässigt werden.

Domain Classifier

Bei diesem Ansatz trainieren die Data Scientists ein Modell, das versucht, zwischen dem ursprünglichen Datensatz (mit Input-Features und unter Umständen den vorhergesagten Werten der Zielvariablen) und dem Entwicklungsdatensatz zu unterscheiden. Mit anderen Worten: Sie verknüpfen die beiden Datensätze und trainieren einen Klassifikator, der darauf abzielt, den Ursprung der Daten vorherzusagen. Die Güte des Modells (z.B. die Korrektklassifikationsrate) kann dann als ein Maß betrachtet werden, das das Ausmaß der Abweichung (*Drift*) angibt.

Wenn dieses Modell seine Aufgabe erfolgreich erfüllt und dementsprechend einen hohen Drift-Score aufweist, impliziert das, dass die zum Zeitpunkt des Trainings verwendeten Daten und die neuen Daten unterschieden werden können, sodass sich sagen lässt, dass die neuen Daten eine systematische Abweichung (*Drift*) aufweisen. Um weitere Erkenntnisse zu gewinnen, insbesondere um die Features zu identifizieren, die für die Abweichung verantwortlich sind, kann der Einfluss der Features (engl. *Feature Importance*) in Bezug auf das trainierte Modell herangezogen werden.

Ergebnisse interpretieren

Sowohl der Domain Classifier als auch univariate statistische Tests weisen auf den Einfluss von Features oder der Zielgröße im Zusammenhang mit dem Ausmaß der Abweichung hin. Es ist wichtig, eine Verschiebung in der Verteilung der Zielgröße zu identifizieren, da sie sich oft direkt auf das Geschäftsergebnis auswirkt. (Denken Sie z.B. an Scores, die die Kreditwürdigkeit angeben: Wenn die Scores insgesamt niedriger sind, ist die Anzahl der vergebenen Kredite wahrscheinlich geringer und damit auch der Umsatz). Wird eine Abweichung (*Drift*) in den Verteilungen der

Features ausgemacht, ist es wiederum nützlich, die Auswirkungen mit entsprechenden Maßnahmen abzuschwächen. Hierzu gehören:

- Eine Neugewichtung entsprechend der Verschiebung in der Verteilung des betroffenen Features (wenn beispielsweise Kunden mit einem Alter von über 60 Jahren nun 60 % der Benutzer darstellen, jedoch lediglich 30 % im Trainingsdatensatz ausmachten, verdoppeln Sie ihr Gewicht und trainieren das Modell erneut).
- Das betroffene Feature entfernen und ein neues Modell ohne dieses Feature trainieren.

Wenn eine Abweichung in der Verteilung (*Drift*) festgestellt wird, ist es auf jeden Fall sehr unwahrscheinlich, dass sich das Vorgehen vollständig automatisieren lässt. Dies wäre dann denkbar, wenn es sehr kostspielig ist, neu trainierte Modelle zu deployen: Das Modell würde nur dann auf neuen Daten trainiert werden, wenn sich die Güte des Modells auf Basis der ermittelten wahren Werte verringert hat oder die Abweichung relativ stark ausfällt. In diesem besonderen Fall sind tatsächlich neue Daten verfügbar, mit denen die Abweichung bzw. Drift verringert werden kann.

Die Feedback-Schleife

Damit sich ein ML-Projekt als effektiv erweist, ist es vonnöten, eine Art Feedback-Schleife zu implementieren, d. h., die gesammelten Informationen aus der Produktivumgebung werden zur weiteren Verbesserung zurück in die Entwicklungsumgebung des Prototyps geleitet.

Wie aus Abbildung 7-2 ersichtlich, werden die in der Monitoring- und Feedback-Schleife gesammelten Daten an die Modellentwicklung gesendet (wie diese Daten aussehen, wird in Kapitel 6 behandelt). Dort analysiert das System, ob das Modell wie erwartet funktioniert. Ist das der Fall, ist keine weitere Maßnahme nötig. Wenn sich die Leistung des Modells verschlechtert, wird eine Aktualisierung angestoßen, die entweder automatisch oder manuell durch den Data Scientist vorgenommen wird. Wie zu Beginn dieses Kapitels ausgeführt, bedeutet das in der Praxis zumeist, dass entweder das Modell mit neuen gelabelten Daten neu trainiert oder ein neues Modell mit zusätzlichen Features entwickelt wird.

Mit der Feedback-Schleife wird das Ziel verfolgt, die auftretenden Muster zu erfassen und sicherzustellen, dass das operative Geschäft nicht negativ beeinträchtigt wird. Sie besteht letztendlich aus drei Hauptkomponenten, die zusätzlich zu den im ersten Teil dieses Kapitels besprochenen Konzepten entscheidend für belastbare MLOps-Praktiken sind:

- Einem Logging-System, das Daten von den verschiedenen Produktionsservern sammelt.
- Einem Speicher für Modellbewertungen (*Model Evaluation Store*), der die Versionierung und Bewertung der verschiedenen Modellversionen vornimmt.

- Einem System, das in der Produktivumgebung läuft und dort Modellvergleiche durchführt, entweder mithilfe von Schattentests (Champion/Challenger) oder mittels A/B-Tests.

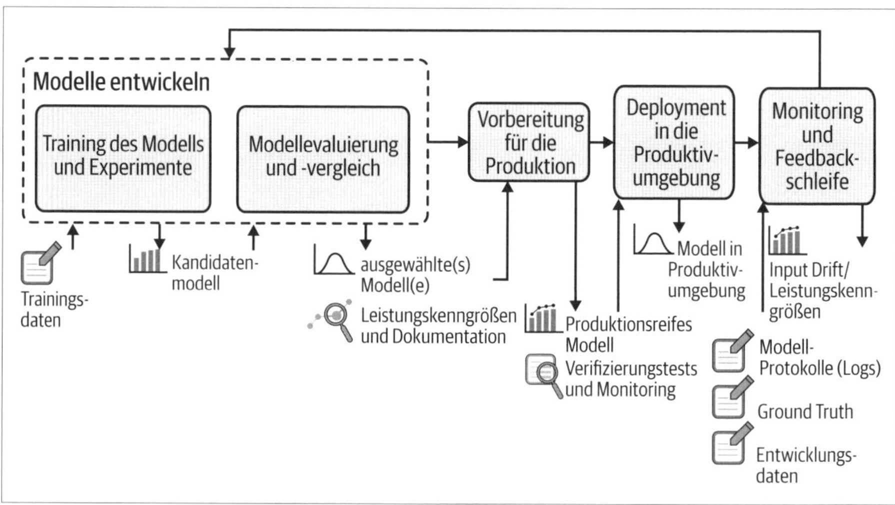

Abbildung 7-2: Continuous Delivery für den gesamten Machine-Learning-Prozess

In den folgenden Abschnitten wird jede dieser Komponenten einzeln vorgestellt zusammen mit ihrem Zweck, ihren Hauptmerkmalen und den Herausforderungen, mit denen sie jeweils verbunden sind.

Logging-System

Ein System während des Produktivbetriebs zu überwachen – ganz gleich, ob mit oder ohne ML-Komponenten –, bedeutet, Daten über seine Zustände zu sammeln und zu bündeln. Heutzutage werden Produktionsinfrastrukturen immer komplexer: mit zahlreichen Modellen, die gleichzeitig auf mehreren Servern eingesetzt werden – gerade deshalb ist ein effektives Logging-System wichtiger denn je.

Die Daten aus diesen Umgebungen müssen entweder automatisch oder manuell zentral erfasst werden, um sie analysieren und überwachen zu können. Dadurch wird eine kontinuierliche Verbesserung des ML-Systems ermöglicht. Ein Ereignisprotokoll (*Event Log*) eines ML-Systems ist eine Datei, in der jeweils zu einem bestimmten Zeitstempel die folgenden Informationen aufzeichnet werden.

Modellmetadaten
: Identifikation des Modells und der Version.

Modelleingaben
: Ausprägungen von Features neuer Beobachtungen, mit denen überprüft werden kann, ob die neu eingehenden Daten dem entsprechen, was das Modell erwartet hat, und die somit die Erkennung einer Abweichung in der Datenverteilung (*Drift*) ermöglichen (wie im vorherigen Abschnitt erläutert).

Modellausgaben
Vorhersagen des Modells, die zusammen mit den später gesammelten wahren Werten eine genaue Vorstellung über die Qualität des Modells in der Produktivumgebung geben.

Maßnahme des Systems
Es kommt selten vor, dass die ausgegebene Modellvorhersage das Endprodukt einer ML-Anwendung ist. Meistens ergreift das System auf der Grundlage der Vorhersage eine entsprechende Maßnahme. Wenn das Modell beispielsweise in einem Anwendungsfall zur Betrugserkennung eine hohe Betrugswahrscheinlichkeit ermittelt hat, kann das System entweder die Transaktion blockieren oder eine Warnung an die Bank senden. Diese Art von Information ist wichtig, weil sie die Reaktion des Benutzers und somit indirekt die Feedback-Daten beeinflusst.

Erklärung des Modells
In einigen stark regulierten Branchen wie dem Finanz- oder Gesundheitswesen müssen die getroffenen Vorhersagen mit einer erklärenden Information versehen werden (d.h., welche Features den größten Einfluss auf die Vorhersage haben). Diese Art von Informationen wird normalerweise mit Methoden wie dem Shapley-Wert berechnet und sollte protokolliert werden, um potenzielle Probleme mit dem Modell zu identifizieren (z.B. Bias, Overfitting).

Modelle evaluieren

Sobald das Logging-System eingerichtet ist, holt es sich in regelmäßigen Abständen Daten aus der Produktivumgebung ab, um diese überwachen zu können. Alles läuft bestens, bis eines Tages eine Warnung aufgrund einer systematischen Abweichung der Daten (*Drift*) ausgelöst wird: Die Verteilung der eingehenden Daten weicht von der Verteilung der Trainingsdaten ab. Möglicherweise verringert sich deshalb die Güte des Modells.

Nach erfolgter Überprüfung der Abweichung beschließen die Data Scientists, das Modell zu verbessern, indem sie es mithilfe der zuvor in diesem Kapitel beschriebenen Methoden nach- bzw. neu trainieren. Mit mehreren trainierten Modellen, die zur Auswahl stehen (Kandidatenmodelle), besteht der nächste Schritt darin, sie mit dem bisher im Einsatz befindlichen Modell zu vergleichen. In der Praxis bedeutet dies, dass alle Modelle (sowohl die Kandidatenmodelle als auch das eingesetzte Modell) auf demselben Datensatz evaluiert werden. Wenn eines der Kandidatenmodelle das eingesetzte Modell übertrifft, gibt es zwei mögliche Verfahrensweisen: entweder das Modell in der Produktivumgebung aktualisieren oder zu einer Evaluierung während des laufenden Betriebs (*Online-Evaluation*) mittels eines Champion/Challenger- oder eines A/B-Tests übergehen.

Dies ist, kurz gesagt, der Sinn eines *Model Evaluation Store*. Es handelt sich dabei um eine funktionelle Struktur, die es Data Scientists ermöglicht:

- mehrere neu trainierte Modellversionen mit vorhandenen eingesetzten Versionen zu vergleichen,
- vollkommen neue Modelle mit den anderen bereits vorhandenen Modellversionen auf Basis gelabelter Daten zu vergleichen oder
- die Genauigkeit bzw. Leistung des Modells über die Zeit hinweg zu verfolgen.

Formal dient der Model Evaluation Store als Struktur, die die Daten des Modelllebenszyklus zentralisiert, um Vergleiche zu ermöglichen (beachten Sie jedoch, dass der Vergleich von Modellen nur dann sinnvoll ist, wenn sie für dieselbe Aufgabenstellung konzipiert wurden). Alle diese Vergleiche werden standardmäßig unter dem Schirm eines logischen Modells gruppiert.

Logisches Modell

Die Entwicklung einer ML-Anwendung ist ein iterativer Prozess, der vom Deployment in die Produktivumgebung über das Leistungsmonitoring und den Datenabruf bis hin zur Suche nach Verbesserungsmöglichkeiten für das System zur Lösung des angestrebten Zielproblems reicht. Es gibt viele Möglichkeiten, iterativ vorzugehen, wobei einige bereits in diesem Kapitel besprochen wurden. Dazu zählen:

- Das gleiche Modell mit neuen Daten neu zu trainieren (Retraining).
- Neue Features zum Modell hinzuzufügen.
- Neue Algorithmen zu implementieren bzw. zu entwickeln.

Aus diesen Gründen ist das ML-Modell selbst nicht statisch. Es ändert sich im Laufe der Zeit ständig. Daher ist es hilfreich, über ML-Anwendungen auf einer höheren Abstraktionsebene – die als *logisches Modell* (engl. *Logical Model*) bezeichnet wird – nachzudenken.

Ein logisches Modell ist eine Sammlung von Modellvorlagen und deren Versionen, die auf die Lösung eines bestimmten Geschäftsproblems abzielt. Eine Modellversion erhält man infolge des Trainings einer Modellvorlage auf einem bestimmten Datensatz. Alle Versionen von Modellvorlagen desselben logischen Modells können normalerweise auf denselben Arten von Datensätzen evaluiert werden (d.h. auf Datensätzen mit derselben Definition der Features und/oder demselben Schema). Dies ist gegebenenfalls jedoch nicht möglich, wenn sich die Problemstellung nicht geändert hat, wohl aber die zur Lösung verfügbaren Features. Modellversionen könnten mit völlig unterschiedlichen Technologien implementiert werden, und es könnte sogar mehrere Implementierungen derselben Modellversion geben (Python, SQL, Java usw.). Dennoch sollen sie infolge derselben Eingabe auch dieselbe Vorhersage liefern.

Kommen wir zurück zum Weinbeispiel, das zu Beginn dieses Kapitels eingeführt wurde. Drei Monate nach dem Deployment sind neue Daten zu weniger alkoholhaltigem Wein verfügbar. Wir können unser Modell unter zusätzlicher Berücksichtigung der neuen Daten neu trainieren und erhalten so eine neue Modellversion, die dieselbe Modellvorlage verwendet. Bei der Analyse der Vorhersagen stellen wir fest, dass neue Muster auftauchen. Wir könnten beschließen, neue Features zu erstellen, die diese Informationen erfassen, und sie dem Modell hinzuzufügen. Oder wir könnten beschließen, einen anderen ML-Algorithmus (wie etwa Deep Learning) anstelle von XGBoost einzusetzen. Dies hätte eine neue Modellvorlage zur Folge.

Folglich hat unser Modell zwei Modellvorlagen und drei Versionen:

- Die erste Version basiert auf der ursprünglichen Modellvorlage und befindet sich im Produktivbetrieb.
- Die zweite Version basiert auch auf der ursprünglichen Vorlage, wird aber mit neuen Daten trainiert.
- Die dritte Version basiert auf einer Vorlage, bei der ein Deep-Learning-Ansatz mit zusätzlichen Features gewählt und das Modell auf denselben Daten wie die zweite Version trainiert wird.

Die Informationen über die Evaluierung dieser Versionen auf verschiedenen Datensätzen (sowohl die beim Training verwendeten Validierungsdatensätze als auch die Entwicklungsdatensätze, mit denen die Modelle nach dem Training evaluiert werden) werden dann im Model Evaluation Store gespeichert.

Model Evaluation Store

Zur Erinnerung: Der Model Evaluation Store stellt eine Struktur bereit, mit der die Daten über den Lebenszyklus eines Modells zentralisiert werden, um Vergleiche zu ermöglichen. Die beiden Hauptaufgaben eines Model Evaluation Store sind:

- Die Versionierung der Entwicklung des logischen Modells im Zeitverlauf. Jede protokollierte Version des logischen Modells (Log-Datei) muss mit allen wesentlichen Informationen über seine Trainingsphase versehen sein, einschließlich:
  - einer Übersicht über die verwendeten Features,
  - der für jedes Feature angewandten Vorverarbeitungsprozesse,
  - des verwendeten Algorithmus, zusammen mit den gewählten Hyperparametern,
  - des Trainingsdatensatzes,
  - des Testdatensatzes, der zur Evaluierung des trainierten Modells verwendet wird (dieser ist für den Vergleich verschiedener Versionen erforderlich), sowie
  - der zur Evaluierung herangezogenen Qualitätsmaße.
- Der Vergleich der Leistung der verschiedenen Versionen eines logischen Modells. Um zu entscheiden, welche Version eines logischen Modells eingesetzt werden soll, müssen alle Versionen (die Kandidatenmodelle und das im Einsatz befindliche Modell) auf demselben Datensatz evaluiert werden.

Von entscheidender Bedeutung ist dabei die Auswahl des Datensatzes, mit dem die Evaluierung durchgeführt wird. Wenn genügend neue gelabelte Daten vorhanden sind, um eine verlässliche Einschätzung der Modellleistung zu erhalten, ist dies die beste Wahl, da sie dem am nächsten kommt, was in der Produktivumgebung zu erwarten ist. Andernfalls kann der ursprüngliche Testdatensatz, mit dem das im Produktiveinsatz befindliche Modell validiert wurde, verwendet werden. Damit die Leistung der Kandidatenmodelle im Vergleich zum ursprünglichen Modell verlässlich bewertet werden kann, dürfen die Daten im Produktiveinsatz jedoch keine systematische Abweichung in ihrer Verteilung (*Drift*) aufweisen.

Auch nachdem das beste Kandidatenmodell identifiziert wurde, ist die Arbeit noch nicht getan. In der Praxis weicht die Modellleistung in der Produktivumgebung teilweise erheblich von der in der Entwicklungsumgebung beobachteten Leistung ab. Daher ist es entscheidend, die Tests in die Produktivumgebung zu übertragen. Diese Evaluierung während des Produktivbetriebs ermöglicht das wahrheitsgetreueste Feedback über das Verhalten des Kandidatenmodells, da es mit realen Daten konfrontiert wird.

Evaluierung während des Produktivbetriebs

Die Evaluierung von Modellen im laufenden Betrieb ist zwar aus geschäftlicher Sicht entscheidend, kann aber aus technischer Sicht eine Herausforderung darstellen. Es gibt zwei wesentliche Möglichkeiten, ein Modell während des Produktivbetriebs zu evaluieren (*Online-Evaluation*):

- Champion/Challenger-Ansatz (auch bekannt als Schattentest), bei dem das Kandidatenmodell im Hintergrund läuft und dieselben Anfragen wie das im Einsatz befindliche Modell auswertet.
- A/B-Tests, bei denen das Kandidatenmodell einen Teil der Anfragen auswertet und das im Einsatz befindliche Modell den anderen Teil.

In beiden Fällen werden die wahren Werte der Zielvariablen (*Ground Truth*) benötigt, sodass die Evaluierung zwangsläufig erst dann vollzogen werden kann, wenn die entsprechenden Labels verfügbar sind. Darüber hinaus sollten Schattentests, wann immer sie möglich sind, gegenüber A/B-Tests bevorzugt werden, da sie viel einfacher zu verstehen und aufzusetzen sind und Abweichungen schneller erkannt werden können.

Champion/Challenger-Ansatz

Bei der Evaluierung auf Basis des Champion/Challenger-Ansatzes werden ein oder mehrere zusätzliche Modelle (die »Challenger«) in die Produktivumgebung deployt. Diese Modelle erhalten und werten dieselben eingehenden Anfragen wie das bereits im Einsatz befindliche Modell (der »Champion«) aus. Ihre Antworten bzw. Vorhersagen werden jedoch nicht direkt an das System zurückgegeben: Das ist immer noch die Aufgabe des ursprünglichen Modells. Stattdessen werden sie einfach für die weitere Analyse protokolliert. Deshalb wird diese Methode auch *Shadow Testing* oder *Dark Launch* genannt.

Dieser Ansatz ermöglicht zwei Dinge:

- Einen Nachweis, dass die Leistung der neuen Modelle besser oder mindestens genauso gut ist wie die des ursprünglichen Modells. Da beide Modelle auf denselben Daten bewertet werden, ist ein direkter Vergleich ihrer in der Produktivumgebung erzielten Genauigkeit möglich. Beachten Sie, dass dies auch außerhalb der Produktivumgebung durchgeführt werden könnte, indem die neuen Modelle auf den im System eingehenden Anfragen, die zuvor vom Champion-Modell ausgewertet wurden, getestet werden.
- Eine Bewertung, wie die neuen Modelle unter realistischer Systemlast zurechtkommen. Da die neuen Modelle neue Features, neue Vorverarbeitungsschritte oder sogar einen völlig neuen Algorithmus haben können, wird die Zeit, die für die Auswertung eingehender Anfragen benötigt wird, von der des ursprünglichen Modells abweichen. Deshalb ist es wichtig, eine konkrete Vorstellung davon zu haben, wie groß diese Abweichung ausfällt. Das ist natürlich der Hauptvorteil, wenn die Evaluierung in der Produktivumgebung durchgeführt wird.

Ein weiterer Vorteil dieses Deployment-Ansatzes ist, dass der Data Scientist oder der ML-Engineer anderen Stakeholdern Einblick in das künftige Champion-Modell gibt: Anstatt auf die Data-Science-Umgebung beschränkt zu sein, werden die Ergebnisse des Challenger-Modells den Geschäftsführern zugänglich gemacht, wodurch das Risiko beim Wechsel zu einem neuen Modell verringert wird.

Um das Champion- und das Challenger-Modell vergleichen zu können, müssen für beide die gleichen Informationen protokolliert werden, einschließlich der Eingabedaten, der Ausgabedaten, der Verarbeitungszeit usw. Das bedeutet, dass das Logging-System so konzipiert werden muss, dass es zwischen den beiden Datenquellen unterscheiden kann.

Wie lange müssen sich beide Modelle im Einsatz befinden, bevor klar ist, dass eines besser ist als das andere? Lange genug, dass die durch Zufall bedingten Schwankungen der Gütemaße dadurch verringert werden, dass ausreichend Vorhersagen getroffen wurden. Dies lässt sich zum einen mithilfe von Diagrammen beurteilen, indem beobachtet wird, ob die geschätzten Werte der genutzten Gütemaße nicht sonderlich fluktuieren. Zum anderen kann man einen geeigneten statistischen Test durchführen. (Da die meisten Maße Durchschnittswerte von zeilenbezogenen Werten sind, ist der gebräuchlichste Test der t-Test auf Basis beider gepaarten Stichproben.) Dieser Test liefert die Wahrscheinlichkeit, dass die Beobachtung, dass eines der beiden Maße größer ist als das andere, auf diese zufälligen Schwankungen zurückzuführen ist. Je größer der Unterschied beider Maße ist, desto weniger Vorhersagen sind notwendig, um sicherzustellen, dass der Unterschied signifikant ausfällt.

Je nach Anwendungsfall und je nachdem, wie das Champion/Challenger-System ausgestaltet wurde, kann die Serverleistung zum Engpass werden. Wenn zwei speicherintensive Modelle synchron aufgerufen werden, können sie das System ausbremsen. Dies wirkt sich nicht nur nachteilig auf das Benutzererlebnis aus, sondern verfälscht auch die erfassten Daten, die darüber Auskunft geben sollen, wie gut die Modelle funktionieren.

Ein weiteres Hindernis kann die Kommunikation mit externen Systemen sein. Wenn beide Modelle eine externe API verwenden, um ihre Features mit weiteren Daten anzureichern, verdoppelt sich die Anzahl der Anfragen an solche Dienste, wodurch sich auch die Kosten verdoppeln. Wenn diese API über ein Zwischenspeichersystem verfügt, wird die zweite Anfrage viel schneller verarbeitet als die erste, was das Ergebnis beim Vergleich der gesamten Vorhersage- bzw. Inferenzzeit der beiden Modelle verzerren kann. Beachten Sie, dass das Challenger-Modell auch nur für eine zufällige Teilmenge der eingehenden Anfragen verwendet werden könnte. Das führt zwar dazu, dass es länger dauern würde, bis ausreichend Vorhersagen getroffen werden, andererseits würde sich dadurch auch die Systemauslastung verringern.

Schließlich muss im Rahmen der Implementierung des Challenger-Modells darauf geachtet werden, dass es keinen Einfluss auf das Systemverhalten hat. Dies setzt zwei Bedingungen voraus:

- Wenn das Challenger-Modell auf ein unerwartetes Problem stößt und ausfällt, darf die Produktivumgebung hinsichtlich seiner Reaktionszeit weder eine Unterbrechung noch eine Verschlechterung erfahren.
- Die vom System ergriffenen Aktionen hängen nur von der Vorhersage des Champion-Modells ab, und sie erfolgen nur einmal. Stellen Sie sich z.B. bei einem Anwendungsfall zur Betrugserkennung vor, dass das Challenger-Modell versehentlich direkt in das System eingebunden wird und für jede Transaktion zweimal eine Berechnung vorgenommen wird – ein denkbar ungünstiges Szenario.

Damit die Produktivumgebung in gewohnter Weise funktioniert und nicht durch vom Challenger-Modell ausgehende Probleme beeinträchtigt wird, muss man folglich einen gewissen Aufwand hinsichtlich des Logging-, Monitoring- und Serving-Systems betreiben.

A/B-Tests

Ein A/B-Test ist ein randomisiertes Experiment, bei dem zwei Varianten, A und B, miteinander verglichen werden. Sie sind vor allem im Bereich der Optimierung von Webseiten sehr verbreitet. Sie sollten nur dann zum Vergleich von Modellen eingesetzt werden, wenn eine Analyse auf Basis von Champion- und Challenger-Modellen nicht erfolgen kann. Dies könnte der Fall sein, wenn:

- die Ground Truth nicht für beide Modelle evaluiert werden kann. Zum Beispiel umfasst die Vorhersage eines Empfehlungssystems eine Liste von Artikeln, auf die ein bestimmter Kunde wahrscheinlich klicken wird, wenn sie ihm angezeigt werden. Daher ist es unmöglich, zu wissen, ob der Kunde geklickt hätte, wenn ein Artikel nicht angezeigt worden wäre. In diesem Fall muss eine Art A/B-Test durchgeführt werden, bei dem einigen Kunden die Empfehlungen von Modell A und einigen die Empfehlungen von Modell B angezeigt werden. In ähnlicher Weise ist es für ein Betrugserkennungsmodell kaum möglich, die positiven Vorhersagen beider Modelle zu verwenden, da ein hoher Arbeitsaufwand erforderlich wäre, um die Ground Truth zu erhalten. Dies würde den Aufwand in unangemessener Weise erhöhen, da einige Betrugsfälle nur von einem Modell erkannt werden. Dennoch könnte der Aufwand konstant gehalten werden, wenn das Alternativmodell (das B-Modell) nur zufällig für einen kleinen Teil der Anfragen zur Anwendung kommt.

- die zu optimierende Zielsetzung nur indirekt mit der Vorhersageleistung zusammenhängt. Stellen Sie sich ein System zur Einblendung von Werbeanzeigen vor, deren Schaltung auf einem ML-Modell basiert, das vorhersagt, ob ein Benutzer auf eine Anzeige klicken wird. Stellen Sie sich nun vor, dass das System anhand der Kaufrate ausgewertet wird, also ob der Benutzer das Produkt oder die Dienstleistung gekauft hat. Auch hier ist es nicht möglich, die Reaktion des Nutzers für zwei verschiedene Modelle zu erfassen – in diesem Fall besteht also die einzige Möglichkeit darin, auf einen A/B-Test zurückzugreifen.

Dem Themengebiet A/B-Tests wurden ganze Bücher gewidmet. Deshalb wird in diesem Abschnitt nur die Grundidee skizziert und ein kurzer Überblick gegeben. Im Gegensatz zum Champion/Challenger-Ansatz trifft das Kandidatenmodell bei A/B-Tests nur für bestimmte Anfragen die entsprechenden Vorhersagen, während das ursprüngliche Modell die restlichen Anfragen verarbeitet. Wenn der Testzeitraum vorbei ist, wird die Genauigkeit beider Modelle mittels statistischer Tests verglichen, und das Team kann eine Entscheidung auf der Grundlage der statistischen Signifikanz dieser Tests treffen.

Im Hinblick auf die MLOps-Strategie gilt es, einige Überlegungen anzustellen. Tabelle 7-1 bietet Ihnen dazu eine Übersicht.

Tabelle 7-1: Überlegungen bei der Durchführung von A/B-Tests im Rahmen der MLOps-Strategie

Zeitpunkt	MLOps-Überlegung
Vor dem A/B-Test	Definieren Sie ein klares Ziel: eine quantitativ messbare Geschäftskennzahl, die optimiert werden muss, z. B. die Klickrate.
	Bestimmen Sie die Grundgesamtheit bzw. Population möglichst konkret: Wählen Sie sorgfältig das Segment bzw. die Personengruppen für den Test aus und teilen Sie die Daten so auf, dass sichergestellt wird, dass kein Bias zwischen den Gruppen auftritt. (Dies wird als experimentelles Design oder auch randomisierte Kontrollstudie bezeichnet, die durch Arzneimittelstudien bekannt wurden). Die Aufteilung kann zufällig erfolgen, sie kann aber auch komplexer gestaltet sein. Zum Beispiel könnte die Situation vorgeben, dass alle Anfragen eines bestimmten Kunden vom selben Modell verarbeitet werden.

Tabelle 7-1: Überlegungen bei der Durchführung von A/B-Tests im Rahmen der MLOps-Strategie (Fortsetzung)

Zeitpunkt	MLOps-Überlegung
	Legen Sie das statistische Vorgehen fest: Die resultierenden Kennzahlen werden mithilfe statistischer Tests verglichen, und die Nullhypothese wird entweder verworfen oder als gültig angesehen. Damit eine belastbare Schlussfolgerung getroffen werden kann, müssen die Teams im Voraus die Stichprobengröße für die gewünschte Mindesteffektgröße, d. h. den geringstmöglichen akzeptierten Unterschied zwischen den Leistungskennzahlen der beiden Modelle, festlegen. Die Teams müssen auch eine Dauer des Testzeitraums festlegen (oder alternativ mit anderen Methoden mehrere Tests vornehmen). Beachten Sie, dass bei ähnlichen Stichprobengrößen die Aussagekraft zur Erkennung signifikanter Unterschiede geringer sein wird als beim Champion/Challenger-Ansatz, da hier ein Test für ungepaarte Stichproben verwendet werden muss. (Normalerweise ist es unmöglich, jede von Modell B ausgewertete Anfrage mit den von Modell A ausgewerteten Anfragen abzugleichen, während dies beim Champion/Challenger-Ansatz trivial ist).
Während des A/B-Tests	Es ist wichtig, das Experiment nicht vor Ablauf der vorgesehenen Testdauer abzubrechen, selbst wenn der statistische Test einen statistisch signifikanten Unterschied aufzeigt. Diese Praxis (auch *p-Hacking* genannt) führt zu unglaubwürdigen und verzerrten Ergebnissen, da das gewünschte Ergebnis einfach herausgepickt wird (*Cherry-Picking*).
Nach dem A/B-Test	Sobald der Testzeitraum vorüber ist, sollten Sie die erhobenen Daten überprüfen, um sicherzustellen, dass die Qualität zufriedenstellend ist. Anschließend führen Sie die statistischen Tests durch. Wenn der Unterschied des Qualitätsmaßes bzw. der Leistungskennzahl statistisch signifikant zugunsten des Kandidatenmodells ausfällt, kann das ursprüngliche Modell durch die neue Version ersetzt werden.

Abschließende Überlegungen

Traditionelle Softwareanwendungen werden so entwickelt, dass sie die vorgegebenen Spezifikationen erfüllen. Sobald die Anwendung in Betrieb ist, verringert sich ihre Fähigkeit, ihre Aufgabe zu erfüllen, normalerweise nicht mehr. Bei ML-Modellen hingegen sind die Zielvorgaben statistisch durch ihre Genauigkeit auf einem bestimmten Datensatz definiert. Dementsprechend ändert sich ihre Genauigkeit – gewöhnlich zum Schlechteren –, wenn sich die statistischen Eigenschaften der Daten ändern.

Zusätzlich zur normalen Wartung der Softwareanwendung (Fehlerkorrektur, Versions-Upgrades usw.) muss dieser mögliche Leistungsabfall sorgfältig überwacht werden. Wir haben gesehen, dass das Monitoring der Genauigkeit auf Basis der *Ground Truth* der Eckpfeiler ist, während das Monitoring systematischer Abweichungen (*Drift*) frühzeitig Warnhinweise liefern kann. Unter den möglichen Maßnahmen zur Verringerung der systematischen Abweichungen besteht die wichtigste darin, das Modell auf der Grundlage neuer Daten zu aktualisieren (Retraining), während auch die Anpassung des Modells eine weitere Option darstellt. Sobald ein neues Modell zum Deployment bereitsteht, kann seine vermeintlich höhere Genauigkeit durch Schattentests oder – als zweite Option – mittels A/B-Tests bestätigt werden, was den Schluss zulässt, dass das neue Modell die Leistung des Systems verbessert.

KAPITEL 8
Modell-Governance

Mark Treveil

Wir haben die Idee der Governance als eine Reihe innerbetrieblicher Kontrollmechanismen in Kapitel 3 bereits kennengelernt. Diese Mechanismen sollen sicherstellen, dass das Unternehmen seiner Verantwortung gegenüber allen Stakeholdern – von den Aktionären und Mitarbeitern bis hin zur Öffentlichkeit und den nationalen Regierungen – gerecht wird. Hierbei umfassen die Verantwortlichkeiten finanzielle, rechtliche und ethische Aspekte und werden alle durch den Wunsch nach einem fairen Miteinander untermauert.

Dieses Kapitel geht noch ausführlicher auf die besagten Themen ein, angefangen bei der Diskussion, warum Governance von Bedeutung ist, bis hin zur Frage, wie Unternehmen sie als Teil ihrer MLOps-Strategie einbinden können.

Wer entscheidet, wie die Governance des Unternehmens aussieht?

Nationale Vorschriften sind ein wichtiger Teil des gesellschaftlichen Rahmens zur Sicherung fairer Bedingungen. Diese brauchen allerdings viel Zeit, um vereinbart und implementiert zu werden; sie spiegeln immer ein leicht historisches Verständnis von Fairness und den damit verbundenen Herausforderungen wider. Genau wie bei ML-Modellen kann die Vergangenheit nicht immer die sich entwickelnden Probleme der Zukunft vorwegnehmen.

Was sich die meisten Unternehmen von der Governance versprechen, ist die Sicherung der Investitionen der Aktionäre und die Gewährleistung einer angemessenen Rendite, sowohl jetzt als auch in der Zukunft. Das bedeutet, dass das Unternehmen effektiv, profitabel und nachhaltig arbeiten muss. Die Anteilseigner möchten klar erkennen können, dass Kunden, Mitarbeiter und Aufsichtsbehörden zufrieden sind. Ebenso möchten sie die Gewissheit haben, dass geeignete Maßnahmen zur Erkennung und Bewältigung von Schwierigkeiten, die in Zukunft auftreten könnten, vorhanden sind.

Das alles ist natürlich nichts Neues und auch nicht nur MLOps vorbehalten. Was beim Machine Learning anders ist, ist die Tatsache, dass es sich um eine neue und oft undurchsichtige Technologie handelt, die viele Risiken mit sich bringt. Sie wird jedoch zunehmend in Entscheidungssysteme eingebettet, die jeden Aspekt unseres Lebens beeinflussen. Machine-Learning-Systeme entwickeln ihre eigenen statistisch getriebenen Entscheidungsprozesse, die oft extrem schwer zu verstehen sind. Dabei basieren diese Prozesse auf großen Datenmengen, von denen man sich erhofft, dass sie die reale Welt abbilden. Es ist nicht schwer, sich vorzustellen, was alles schiefgehen könnte!

Der vielleicht überraschendste Einfluss bei der Entwicklung einer ML-Governance ist die öffentliche Meinung, die sich viel schneller entwickelt als formale Vorschriften. Sie folgt weder einem formalen Prozess noch einer Etikette. Sie muss nicht auf Fakten oder Vernunft beruhen. Die öffentliche Meinung bestimmt, welche Produkte die Menschen kaufen, wo sie ihr Geld investieren und welche Regeln und Vorschriften die Regierungen erlassen. Die öffentliche Meinung entscheidet, was fair ist und was nicht.

So bekamen beispielsweise die landwirtschaftlichen Biotechnologieunternehmen, die gentechnisch veränderte Nutzpflanzen entwickelten, in den 1990er-Jahren die Macht der öffentlichen Meinung schmerzlich zu spüren. Während die Diskussionen darüber, ob es ein Gesundheitsrisiko gab oder nicht, lange anhielten, kippte in Europa plötzlich die öffentliche Meinung zuungunsten gentechnischer Veränderungen. Dies führte dazu, dass diese Pflanzen in vielen europäischen Ländern verboten wurden. Die Parallelen zum Machine Learning sind unverkennbar: Machine Learning bietet Vorteile für alle und birgt dennoch Risiken, die beherrscht werden müssen, wenn die Öffentlichkeit ihr vertrauen soll. Ohne das Vertrauen der Öffentlichkeit werden die Vorteile nicht vollständig zum Tragen kommen.

Die öffentliche Gesellschaft muss sich darauf verlassen können, dass Machine Learning faire Ergebnisse hervorbringt. Was als »fair« angesehen wird, ist nicht in einem Regelwerk definiert und auch nicht für immer festgeschrieben. Die Deutung wird sich aufgrund bestimmter Vorkommnisse verändern, und es wird nicht immer auf der ganzen Welt gleich sein. Im Moment scheint sich die öffentliche Meinung über Machine Learning in der Schwebe zu halten. Die meisten Menschen bevorzugen es, Werbung gezielt zu bekommen. Sie mögen es, wenn ihre Autos Geschwindigkeitsbegrenzungsschilder lesen können. Und eine verbesserte Betrugserkennung spart letztlich auch dem Kunden Kosten.

Aber es gab auch öffentlichkeitswirksame Skandale, die die Akzeptanz dieser Technologie in der Bevölkerung erschüttert haben. Die Affäre rund um Facebook und Cambridge Analytica, bei der die Unternehmen die Macht von Machine Learning nutzten, um die öffentliche Meinung in sozialen Medien zu manipulieren, schockierte die Welt. Das Ganze hatte den Anschein, dass Machine Learning ganz bewusst mit böser Absicht eingesetzt worden war. Ebenso besorgniserregend waren Fälle von völlig unbeabsichtigtem Schaden, in denen sich die Black-Box-Urteile von Machine Learning als inakzeptabel und rechtswidrig voreingenommen in Bezug auf Kriterien wie Hautfarbe oder Geschlecht erwiesen, wie zum Beispiel in Bewertungssystemen zur Risikoeinschätzung von Straftätern (*https://oreil.ly/ddM8A*) und in Rekrutierungstools (*https://oreil.ly/VPWi0*).

Wenn Unternehmen und Regierungen die Vorteile von Machine Learning nutzen möchten, müssen sie das öffentliche Vertrauen in Machine Learning sicherstellen und die Risiken proaktiv angehen. Für Unternehmen bedeutet dies, dass sie eine starke Governance für ihren MLOps-Prozess entwickeln müssen. Sie müssen die Risiken bewerten, ihre eigenen Wertvorstellungen von Fairness festlegen und dann den erforderlichen Prozess in deren Management implementieren. Vieles davon ist einfach gute Unternehmensführung mit einem zusätzlichen Fokus auf die Abschwächung der inhärenten Risiken von Machine Learning, wobei ein besonderes Augenmerk auf Themen wie Datenherkunft, Transparenz, Bias, Leistungskontrolle und Reproduzierbarkeit gelegt werden sollte.

Anpassung der Governance an das Risikoniveau

Eine Governance gibt es nicht zum Nulltarif. Sie erfordert Mühe, Disziplin und Zeit.

Aus Sicht der Stakeholder verlangsamt Governance wahrscheinlich das Deployment neuer Modelle, was das Unternehmen Geld kosten kann. Für die Data Scientists kann es so aussehen, als gäbe es eine Menge Bürokratie, die ihre Fähigkeit, Dinge zu erledigen, beeinträchtigt. Im Gegensatz dazu würden diejenigen, die für das Risikomanagement verantwortlich sind, und das DevOps-Team, das das Deployment verwaltet, argumentieren, dass eine strenge Governance auf breiter Front obligatorisch sein sollte.

Die für MLOps Verantwortlichen müssen das inhärente Spannungsverhältnis zwischen verschiedenen Profilen der Beteiligten bewältigen und ein Gleichgewicht zwischen der effizienten Erledigung der Aufgabe und dem Schutz vor allen möglichen Bedrohungen herstellen. Dieses Gleichgewicht kann gefunden werden, indem das spezifische Risiko jedes Projekts bewertet und der Governance-Prozess auf dieses Risikoniveau abgestimmt wird. Es gibt mehrere Dimensionen, die bei der Risikobeurteilung zu berücksichtigen sind, darunter fallen:

- die Zielgruppe, für die das Modell eingesetzt wird,
- die Lebensdauer des Modells und seine Ergebnisse bzw. Vorhersagen sowie
- die Auswirkungen der Ergebnisse bzw. Vorhersagen.

Diese Bewertung sollte nicht nur die zum Einsatz kommenden Governance-Maßnahmen vorgeben, sondern auch die gesamte Entwicklungs- und Deployment-Toolchain von MLOps bestimmen.

Ein *Self-Service-Analytics-Projekt* (SSA), das nur von einer kleinen internen Zielgruppe genutzt und oft von Businessanalysten erstellt wird, erfordert beispielsweise eine relativ einfache Governance. Umgekehrt erfordert ein Modell, das auf einer öffentlich zugänglichen Webseite eingesetzt wird und Entscheidungen trifft, die das Leben von Menschen oder die Unternehmensfinanzen beeinflussen, einen sehr gründlichen Prozess. Dabei müssen die Art der vom Unternehmen gewählten Leistungskennzahlen (KPIs), die Art des verwendeten Algorithmus zur Modellerstellung, um das erforderliche Maß an Erklärbarkeit zu gewährleisten, die verwendeten Programmiertools, das Maß an Dokumentation und Reproduzierbarkeit, das Maß an automatisierten Tests, die Ausfallsicherheit der Hardwareplattform und die Form des Monitorings berücksichtigt werden.

Jedoch ist das geschäftliche Risiko nicht immer so klar umrissen. Ein SSA-Projekt, das eine Entscheidung trifft, die langfristige Auswirkungen hat, kann ebenfalls ein hohes Risiko darstellen und somit stärkere Governance-Maßnahmen rechtfertigen. Deshalb brauchen die Teams im Rahmen von MLOps durchweg gut durchdachte, regelmäßig überprüfte Strategien zur Risikobewertung (siehe Abbildung 8-1 für eine Aufschlüsselung nach Projektkritikalität und Operationalisierungsansätzen).

Kritikalität des Projekts	Operationalisierung	Autonomie des Entwicklers	Versionierung	Separierung der Ressourcen	Vereinbarungen zw. Abteilungen (SLA) und Unterstützung durch IT	Einbindung in externe Systeme
Unregelmäßige Ad-hoc-Nutzung	Self-Service-Application mit Ausführung auf Design-Knoten	☆☆☆	—	—	—	—
Planmäßig, kann aber für eine kurze Zeit außer Betrieb sein	Self-Service-Entwicklung und Planung	☆☆☆	☆☆☆	☆☆	—	—
Planmäßig und erfordert ein spezielles Monitoring	Einfacher Deloyment-Prozess mit strenger QS und Planung	☆	☆☆☆	☆☆☆	☆	—
Operative Projekte, die keine Ausfallzeiten aufweisen dürfen	Vollständig gesteuertes Deployment CI/CD	—	★★★	★★★	★★★	★★★

Abbildung 8-1: Auswahl der richtigen Art des Operationalisierungsmodells und der MLOps-Funktionen in Abhängigkeit von der Kritikalität des Projekts

Aktuelle Regulierungen als Treiber der MLOps-Governance

Es existieren heute weltweit nur wenige Vorschriften, die speziell auf ML und KI ausgerichtet sind. Viele bestehende Regulierungen haben jedoch einen erheblichen Einfluss auf die Governance von ML. Es gibt zwei Formen solcher Vorschriften:

- Branchenspezifische Vorschriften, insbesondere im Finanz- und Pharmasektor.
- Allgemeine Vorschriften, die unter anderem den Datenschutz betreffen.

In den folgenden Abschnitten werden einige der relevantesten Vorschriften vorgestellt. Sie sind für die Herausforderungen der MLOps-Governance von großer Bedeutung und geben einen guten Anhaltspunkt, welche Governance-Maßnahmen branchenweit erforderlich sind, um das Vertrauen in ML zu fördern und zu erhalten.

Selbst für diejenigen, die in Branchen tätig sind, in denen es keine spezifischen Vorschriften gibt, geben die folgenden Abschnitte eine grobe Vorstellung davon, was Unternehmen weltweit, unabhängig von ihrer Branchenzugehörigkeit, künftig im Hinblick auf den Grad der Regulierung in Bezug auf Machine Learning erwarten könnten.

Gesetzliche Richtlinien für die US-Pharmaindustrie: GxP

GxP (*https://oreil.ly/eg3J2*) steht für eine Reihe von Qualitätsrichtlinien (wie z.B. die Richtlinien der *Good Clinical Practice*, kurz GCP) und Vorschriften der US-amerikanischen *Food and Drug Administration* (FDA), die gewährleisten sollen, dass Bio- und Pharmaprodukte ungefährlich sind.

Die Richtlinien, die GxP umfasst, setzen folgende Schwerpunkte:

- Nachvollziehbarkeit (*Traceability*), d.h. die Möglichkeit, die Entwicklungshistorie eines Medikaments oder Medizinprodukts nachzuvollziehen.
- Nachvollziehbarkeit im Sinne der Verantwortlichkeit (*Accountability*), d.h., wer hat wann welchen Beitrag zur Entwicklung eines Medikaments geleistet.
- Datenintegrität (*Data Integrity*) (*https://oreil.ly/G_wyS*), d.h., die in der Entwicklung und beim Testen verwendeten Daten sind äußerst zuverlässig, was bedeutet, dass die Daten das ALCOA-Prinzip erfüllen: zuordenbar (*Attributable*), lesbar (*Legible*), aktuell (*Contemporaneous*), in originaler Form (*Original*) und korrekt (*Accurate*). Hierzu gehören auch die Identifizierung von Risiken und Strategien zur Risikominderung.

Regulierung des Modellrisikomanagements in der Finanzbranche

Im Finanzwesen ist das Modellrisiko das Risiko, Verluste zu erleiden, wenn sich die Modelle, die für Entscheidungen im Zusammenhang mit handelbaren Vermögenswerten verwendet werden, als unzutreffend erweisen. Diese Modelle, wie z.B. das Black-Scholes-Modell, gab es schon lange vor dem Aufkommen von ML.

Die Regulierungen im Bereich des Modellrisikomanagements (MRM) wurden vorangetrieben durch die Erfahrungen mit den Auswirkungen außergewöhnlicher Ereignisse, wie z.B. Finanzcrashs, und den daraus resultierenden Schäden für Öffentlichkeit und Wirtschaft, wenn schwere Verluste auftreten. Seit der Finanzkrise in den Jahren 2007 und 2008 wurden zahlreiche zusätzliche Vorschriften eingeführt, um ein angemessenes Modellrisikomanagement sicherzustellen (siehe Abbildung 8-2).

Die britische *Prudential Regulation Authority* (PRA) (*https://oreil.ly/tmxVg*) sieht beispielsweise vier Prinzipien für gutes MRM vor:

Modelldefinition
: Definieren eines Modells und Dokumentation solcher Modelle im Archiv bzw. in geeigneten Speichermedien.

Risiko-Governance
: Etablierung von Grundsätzen zur Handhabung von Modellrisiken, Richtlinien, Arbeitsabläufen und Kontrollmechanismen.

Lebenszyklusmanagement
: Aufbau zuverlässiger Prozesse im Hinblick auf die Entwicklung, Implementierung und Verwendung von Modellen.

Wirksamkeit der Überprüfung
: Durchführen einer angemessenen Modellvalidierung und unabhängigen Überprüfung.

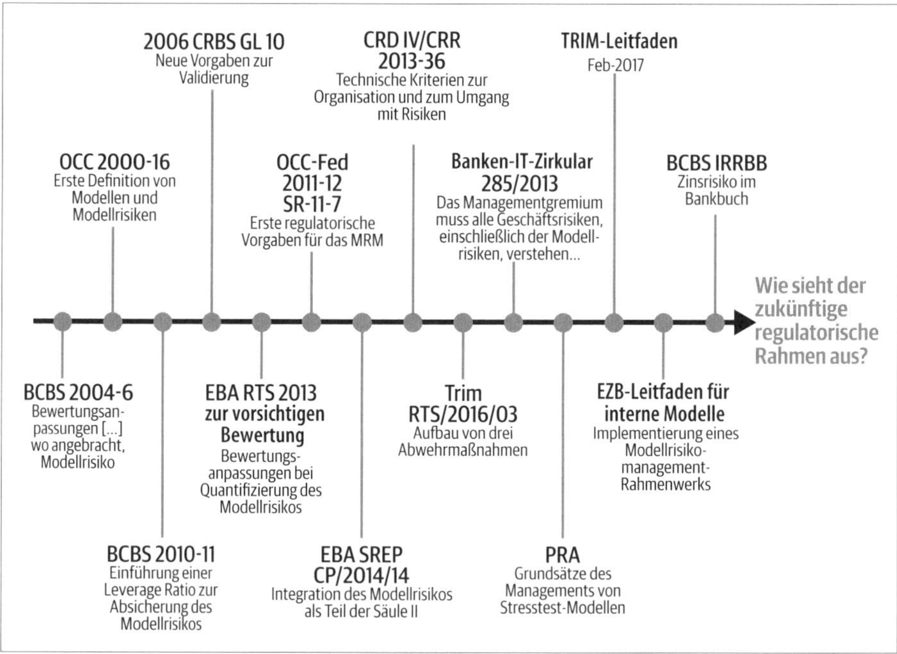

Abbildung 8-2: Die Geschichte der Regulierung im Bereich des Modellrisikomanagements (MRM)

Datenschutzbestimmungen gemäß DSGVO und CCPA

Die EU-Datenschutzgrundverordnung (DSGVO) wurde erstmals im Jahr 2018 umgesetzt und legt Richtlinien für die Erhebung und Verarbeitung personenbezogener Daten von Personen fest, die in der Europäischen Union leben. Sie wurde jedoch mit Blick auf das Internetzeitalter entwickelt, sodass sie eigentlich für Besucher aus der EU auf jeder Webseite gilt, unabhängig davon, wo diese Webseite betrieben wird. Da nur wenige Webseiten Besucher aus der EU ausschließen möchten, wurden die Betreiber von Webseiten auf der ganzen Welt gezwungen, die Anforderungen zu erfüllen, was die DSGVO zu einem De-facto-Standard für den Datenschutz macht. Die Vorschriften zielen darauf ab, Menschen die Kontrolle über ihre persönlichen Daten zu geben, die IT-Systeme gesammelt haben. Das schließt folgende Rechte ein:

- Über gesammelte oder verarbeitete Daten informiert zu werden.
- Auf gesammelte Daten zuzugreifen und ihre Verarbeitung nachvollziehen zu können.
- Fehlerhafte Daten zu korrigieren.
- Gelöscht zu werden (d.h. Daten entfernen zu lassen).
- Die Verarbeitung personenbezogener Daten einzuschränken.
- Gesammelte Daten zu erhalten und an anderer Stelle wiederzuverwenden.
- Einer automatisierten Entscheidungsfindung zu widersprechen.

Der *California Consumer Privacy Act* (CCPA) ähnelt der DSGVO in Bezug darauf, wer und was geschützt werden soll, obwohl der Anwendungsbereich, die geografische Reichweite und die vorgesehenen finanziellen Strafen allesamt begrenzter sind.

Die nächste Welle an KI-spezifischen Regulierungen

Weltweit zeichnet sich eine neue Welle von Vorschriften und Richtlinien ab, die speziell auf KI-Anwendungen (und damit alle ML-Anwendungen) abzielen. Mit dem Versuch, einen Rahmen für vertrauenswürdige KI zu schaffen, ist die Europäische Union Vorreiter.

In einem White Paper (*https://oreil.ly/rhzo5*) betont die EU den potenziellen Nutzen von KI fur alle Lebensbereiche. Ebenso hebt sie hervor, dass Skandale um den Missbrauch von KI und Warnungen vor den Gefahren potenzieller Fortschritte bei der Leistungsfähigkeit von KI nicht unbemerkt geblieben sind. Die EU ist der Ansicht, dass ein regulatorischer Rahmen, der auf ihren Grundwerten basiert, »sie in die Lage versetzen wird, eine globale Führungsrolle bei Innovationen in der Data Economy und ihren Anwendungen zu übernehmen«.

Die EU benennt sieben zentrale Anforderungen, die KI-Anwendungen erfüllen sollten, um als vertrauenswürdig angesehen zu werden:

- Menschliches Handeln und Kontrolle
- Technische Stabilität und Sicherheit
- Datenschutz und Daten-Governance
- Transparenz

- Diversität, Gleichbehandlung und Fairness
- Gesellschaftliches und ökologisches Wohlergehen
- Verantwortung

Der Ansatz der EU wird nicht alle Bereiche gleichermaßen tangieren: In erster Linie werden bestimmte risikoreiche Branchen betroffen sein, darunter das Gesundheitswesen, das Transportwesen, der Energiesektor und Teile des öffentlichen Sektors. Für andere Branchen werden die Regelungen voraussichtlich fakultativ sein.

Wie bereits bei der DSGVO wird der Ansatz der EU wahrscheinlich einen weltweiten Einfluss ausüben. Wenn man bedenkt, wie wichtig das öffentliche Vertrauen in die Nutzung von KI für Unternehmen ist, ist es auch wahrscheinlich, dass sich viele große Unternehmen dazu entschließen werden, den neuen Regelungen freiwillig zu folgen. Selbst für diejenigen, die sich nicht dafür entscheiden, wird das Regelwerk wahrscheinlich eine neue Denkweise über Governance im Zusammenhang mit KI etablieren und somit ihren Handlungsansatz beeinflussen.

Tabelle 8-1 gibt Ihnen einen Überblick über den Stand von KI-Governance-Initiativen auf der ganzen Welt. Unverkennbar ist, dass alle einen ähnlichen Weg verfolgen, auch wenn der Grad der Verbindlichkeit ihre traditionell unterschiedlichen Regulierungsansätze widerspiegelt.

Tabelle 8-1: Stand weltweiter KI-Governance-Initiativen

Regionen und Organisationen	Status	Fokus
OECD	Leitlinien	• 42 Teilnehmerstaaten • 5 Prinzipien für einen verantwortungsvollen Umgang mit vertrauenswürdiger KI: inklusives Wachstum, menschenrechtsorientiert und fair, Transparenz und Erklärbarkeit, Zuverlässigkeit und Verantwortlichkeit • Empfehlungen für die nationale Politik
EU	Leitlinien, Kommunikation, Ausrichtung und Regulierung	• Verbindlich für risikoreiche Aktivitäten (Auswirkung Sektor X), für andere optional mit Möglichkeit zur Zertifizierung • zielt speziell auf Fairness, Belastbarkeit und Auditierbarkeit von Modellen ab, kombiniert Richtlinien und Kontrollsysteme und sieht vor, umfassende ethische Überlegungen zu ökologischen und sozialen Auswirkungen einzubeziehen
Singapur	Leitlinien	• positiver, nicht mit Sanktionen verbundener Ansatz, der sich auf praktikable Schritte zur Implementierung von KI-Governance auf organisatorischer Ebene konzentriert • Zentrum für Best Practices, das die Aktivitäten im Bereich KI-Governance auf Ebene des Wirtschaftsforums unterstützt
USA	Leitlinien, Kommunikation und Regulierung	• nationale Richtlinien, die als Grundlage für branchenspezifische Richtlinien oder Vorschriften dienen • Fokus liegt auf Fairness und öffentlichem Vertrauen; keine weitergehenden ethischen Überlegungen
Vereinigtes Königreich	Leitlinien	nur übergeordnete Richtlinien; nicht bindend und weit gefasst

Tabelle 8-1: Stand weltweiter KI-Governance-Initiativen (Fortsetzung)

Regionen und Organisationen	Status	Fokus
Australien	Leitlinien	detaillierte Richtlinien herausgegeben, die ethische Aspekte und einen starken Fokus auf den Endverbraucherschutz beinhalten

Die Entstehung einer verantwortungsvollen KI (Responsible AI)

Da die Verbreitung von Data Science, maschinellem Lernen und KI weltweit stark zugenommen hat, ist ein loser Konsens unter KI-Denkern entstanden. Das gängigste Schlagwort für diesen Konsens ist *Responsible AI* (verantwortungsvolle KI): die Idee, maschinelle Lernsysteme zu entwickeln, die verantwortungsvoll, nachhaltig und kontrollierbar sind. Im Wesentlichen sollten KI-Systeme das tun, was sie tun sollen, im Laufe der Zeit zuverlässig bleiben und gut beherrschbar sowie überprüfbar sein.

Es gibt keine klar festgelegte Definition von Responsible AI oder den Begriffen, die verwendet werden, um sie zu umreißen. Es besteht jedoch Einigkeit hinsichtlich allgemeiner Grundsätze und größtenteils auch darüber, was zur Umsetzung notwendig ist (siehe Tabelle 8-2). Obwohl es kein zentrales Gremium gibt, das die Bewegung maßgeblich vorantreibt, hat Responsible AI bereits einen bedeutenden Einfluss auf das kollektive Denken und insbesondere auf die Vertrauenswürdigkeit der EU-Behörden.

Tabelle 8-2: Elemente von Responsible AI, einem zunehmend wichtigen Bestandteil von MLOps

Intentionalität	Verantwortlichkeit
Muss zwingend beinhalten: • Sicherstellung, dass Modelle so konzipiert sind und sich so verhalten, wie es ihrem Zweck entspricht. • Sicherstellung, dass die für KI-Projekte verwendeten Daten aus konformen und unverzerrten bzw. vorurteilsfreien Quellen stammen, sowie einen kollaborativen Ansatz für KI-Projekte, der eine mehrfache Überprüfung möglicher Modellverzerrungen gewährleistet. • Zur Intentionalität gehört auch die Erklärbarkeit, d. h., das Ergebnis von KI-Systemen sollte für Menschen nachvollziehbar sein (idealerweise nicht nur für die, die das System entwickelt haben).	Muss aufweisen: • Zentrale Überwachung, Management und die Möglichkeit, den Einsatz von KI im Unternehmen zu auditieren (keine Schatten-IT!). • Einen Gesamtüberblick darüber, welche Teams welche Daten auf welche Weise und in welchen Modellen verwenden. • Vertrauen darauf, dass die Daten verlässlich sind und in Übereinstimmung mit den Vorschriften gesammelt werden, sowie ein an zentraler Stelle vorhandenes Wissen darüber, welche Modelle für welchen Geschäftsprozess verwendet werden. Dies ist eng mit der Nachvollziehbarkeit verbunden – wenn etwas nicht funktioniert, lässt sich dann leicht feststellen, wo der Fehler innerhalb der Pipeline aufgetreten ist?
Anwenderzentrierter Ansatz (Human-centered Approach)	
Bereitstellung von relevanten Werkzeugen und Schulungen für die Mitarbeiter, um beide Elemente bestmöglich zu erkennen und anschließend anzuwenden.	

Schlüsselelemente von Responsible AI

Bei Responsible AI geht es um die Verantwortung von Akteuren in der Datenverarbeitung und -nutzung und nicht darum, dass KI selbst die Verantwortung trägt: Das ist eine sehr wichtige Unterscheidung. Eine weitere wichtige Differenzierung ist, dass es laut Kurt Muemel von Dataiku »nicht unbedingt um vorsätzlich herbeigeführten Schaden geht, sondern um unbeabsichtigten«.

In diesem Abschnitt werden fünf Schlüsselelemente vorgestellt, die in das Konzept von Responsible AI einfließen – Daten, Bias, Inklusivität, Modellmanagement im großen Maßstab und Governance –, sowie entsprechende MLOps-Aspekte hinsichtlich der einzelnen Elemente.

1. Element: Daten

Ein grundlegendes Unterscheidungsmerkmal zwischen ML und traditioneller Softwareentwicklung ist die Abhängigkeit von Daten. Die Qualität der verwendeten Daten wird den größten Einfluss auf die Genauigkeit des Modells haben. Einige Anforderungen aus der Praxis lauten wie folgt:

- Die Herkunft ist essenziell. Es ist entscheidend, zu verstehen, wie die Daten gesammelt bzw. erhoben wurden und welche Veränderungen sie bis zu ihrem Einsatz durchlaufen haben.
- Nutzen Sie die Daten nicht auf Ihrem Desktop-PC. Daten müssen verwaltbar, gesichert und zurückverfolgbar sein. Personenbezogene Daten müssen sorgfältig gehandhabt werden.
- Die Qualität der Daten im Laufe der Zeit prüfen: Sind sie konsistent und vollständig? Sind die Eigentumsrechte gewahrt?
- »Bias in, Bias out.« – Ein Bias in den Eingabedaten kann ohne Weiteres und ungewollt auftreten.

2. Element: Bias

Bei der Entwicklung von ML-Modellen geht es darum, ein System aufzubauen, das Tendenzen in der realen Welt erkennt und diese verwertet. Bestimmte Arten von Autos, die von bestimmten Typen von Menschen an bestimmten Orten gefahren werden, sind für die Versicherungsgesellschaften mit größerer Wahrscheinlichkeit teurer als andere. Aber ist das Abgleichen und somit die Anwendung eines Musters immer ethisch vertretbar? Wann ist ein solches Pattern-Matching verhältnismäßig, und wann bringt es einen unfairen Bias hervor?

Zu bestimmen, was fair ist, ist nicht unbedingt trivial. Selbst die Verwendung eines Churn-Modells zur Gewährung von Rabatten für Kunden, die mit größerer Wahrscheinlichkeit abwandern, könnte als unfair gegenüber vergleichsweise inaktiven Kunden angesehen werden, die dadurch mehr für dasselbe Produkt bezahlen müssen. Gesetzliche Regelungen bieten hier einen Ansatzpunkt. Wie bereits besprochen, sind diese jedoch weder allgemeingültig noch festgeschrieben. Selbst wenn man ein klares Verständnis von den Bedingungen für Fairness hat, auf die man hinarbeiten möchte, ist es nicht einfach, sie zu erreichen. Als die Entwickler eines Rekrutierungssystems, das gegenüber Mädchenschulen voreingenommen war, das Modell anpassten, um Wörter wie »Mädchen« zu ignorieren, stellten sie fest, dass sogar der Sprachstil in einem Lebenslauf das Geschlecht des Verfassenden widerspiegelte und einen ungewollten Bias gegenüber Frauen (*https://oreil.ly/JEIL7*) verursachte. Der Umgang mit derartigen Verzerrungen (Bias) hat tiefgreifende Auswirkungen auf das zu entwickelnde ML-Modell (ein ausführliches Beispiel finden Sie im Abschnitt »Auswirkungen von Responsible AI auf die Modellentwicklung« auf Seite 72).

Der Blick in die Vergangenheit zeigt jedoch, dass diese Probleme im Zusammenhang mit Bias nicht neu sind; ein Beispiel ist die Personalauswahl, bei der es schon immer zu Benachteiligungen kam. Neu ist, dass dank der IT-Revolution mehr Daten zur Beurteilung verschiedener Arten von Bias zur Verfügung stehen. Darüber hinaus ist es dank der automatisierten Entscheidungsfindung auf Basis von maschinellem Lernen möglich, die Entscheidungsfindung zu ändern, ohne dafür subjektive Entscheidungen von Einzelpersonen heranziehen zu müssen.

Letztlich lässt sich festhalten, dass Bias nicht nur ein statistisch anzugehendes Thema ist. Da sie Data-Science- und Machine-Learning-Projekte komplett zum Scheitern bringen können, sollten Verzerrungen mithilfe von Governance-Rahmenwerken überprüft werden, um auftretende Probleme frühestmöglich zu erkennen.

Es gibt nicht nur schlechte Nachrichten: Es existieren viele potenzielle Quellen für statistische Verzerrungen (der realen Welt, wie sie war), die von Data Scientists aufgearbeitet werden *können*:

- Ist ein Bias in den Trainingsdaten enthalten? Sind die Rohdaten mit einer Verzerrung behaftet? Hat die Datenaufbereitung, das Sampling-Verfahren oder die Aufteilung der Daten zu einem Bias geführt?
- Sind das Problem und die einhergehende Aufgabenstellung sinnvoll eingegrenzt?
- Haben wir die richtige Zielgröße für alle Unter- bzw. Personengruppen? Beachten Sie, dass zahlreiche Variablen möglicherweise stark korreliert sind.
- Werden die Daten der Feedback-Schleife durch Faktoren wie die Reihenfolge, in der die Auswahlmöglichkeiten in der Benutzeroberfläche präsentiert werden, verzerrt?

Derzeit ist es so komplex, die durch einen Bias verursachten Probleme zu verhindern, dass der größte Fokus aktuell darauf liegt, eine Verzerrung zu erkennen, noch bevor diese einen Schaden verursachen kann. Die Interpretierbarkeit von ML-Modellen ist momentan die tragende Säule bei der Erkennung von Bias, die ML-Modelle durch eine Reihe von technischen Werkzeugen zur Analyse von Modellen verständlich macht. Dazu gehört:

- Die Vorhersagen zu verstehen: Warum hat ein Modell eine bestimmte Vorhersage gemacht?
- Die Analyse von Untergruppen: Gibt es einen Bias zwischen den Untergruppen?
- Die Abhängigkeiten zu erkennen: Welche Beiträge leisten die einzelnen Features?

Ein ganz anderer, dennoch ergänzender Ansatz zum Umgang mit Bias ist die Nutzung eines möglichst breiten Spektrums an menschlichem Fachwissen im Entwicklungsprozess. Dies ist ein Aspekt, der der Idee der Inklusivität im Bereich von Responsible AI Rechnung tragen soll.

3. Element: Inklusivität

Der *Human-in-the-Loop*-(HITL-)Ansatz zielt darauf ab, das Beste der menschlichen Intelligenz mit dem Besten der maschinellen Intelligenz zu kombinieren. Maschinen sind großartig darin, intelligente Entscheidungen auf Basis großer Datensätze zu treffen, während Menschen viel besser darin sind, auch mit wenigen zur Verfügung stehenden Informationen zu einer Entscheidung zu kommen. Das menschliche Urteilsvermögen ist besonders effektiv, wenn es um ethische und schadensbezogene Urteile geht.

Dieses Konzept kann die Art und Weise beeinflussen, wie Modelle im Produktivbetrieb verwendet werden. Es kann aber auch für die Art und Weise, wie Modelle erstellt werden, von Bedeutung sein. Die Formalisierung der menschlichen Verantwortung in der MLOps-Schleife, z.B. in Form von Freigabeprozessen, kann einfach, aber dennoch sehr effektiv sein.

Das Prinzip der Inklusivität baut auf der Idee der Zusammenarbeit zwischen Mensch und KI auf: Eine möglichst große Vielfalt an menschlichem Fachwissen in den ML-Lebenszyklus einzubringen, verringert das Risiko schwerwiegender blinder Flecke und Versäumnisse. Je weniger inklusiv die Gruppe ist, die in die Durchführung eines ML-Projekts involviert ist, desto größer ist das Risiko.

Die Perspektiven von Businessanalysten, Fachexperten, Data Scientists, Data Engineers, Risikomanagern und technischen Architekten sind alle unterschiedlich. Die Summe dieser Perspektiven bringt weitaus mehr Klarheit in die Verwaltung der Modellentwicklung und des Modell-Deployments, als würde man sich auf ein einzelnes Profil verlassen. Die Ermöglichung einer effektiven Zusammenarbeit dieser Profile ist ein Schlüsselfaktor für die Risikominderung und Leistungssteigerung im Rahmen von MLOps in jeder Unternehmung. In Kapitel 2 finden Sie anschauliche Beispiele für die Zusammenarbeit verschiedener Profile zum Zwecke einer besseren MLOps-Performance.

Bei vollständiger Inklusivität kann sogar der Verbraucher in den Prozess einbezogen werden, etwa durch Tests mit verschiedenen Zielgruppen. Das Ziel der Einbindung ist es, das entsprechende menschliche Fachwissen unabhängig von der Informationsquelle in den Prozess einzubringen. Machine Learning allein den Data Scientists zu überlassen, stellt keine Lösung für das Risikomanagement dar.

4. Element: Modellmanagement im großen Maßstab

Das Management des mit Machine Learning verbundenen Risikos kann bei einer Handvoll von Modellen in der Produktion noch weitgehend manuell erfolgen. Wenn allerdings die Anzahl der Deployments größer wird, nehmen auch die damit zusammenhängenden Herausforderungen sehr schnell zu. Hier folgen einige wichtige Überlegungen, die es bei der Verwaltung von Machine-Learning-Modellen im großen Maßstab zu beachten gilt:

- Ein skalierbarer Modelllebenszyklus muss sowohl weitgehend automatisiert als auch optimiert sein.
- Fehler, z.B. in einem Teil eines Datensatzes, werden sich schnell und großflächig ausbreiten.
- Bestehende Software-Engineering-Techniken können bei der Umsetzung einer skalierbaren ML-Lösung unterstützen.
- Entscheidungen müssen erklärbar, überprüfbar und nachvollziehbar sein.
- Reproduzierbarkeit ist der wichtigste Aspekt, um verstehen zu können, was verkehrt gelaufen ist, wer oder was dafür verantwortlich war und wer dafür sorgen sollte, dass es korrigiert wird.
- Die Leistung des Modells wird sich mit der Zeit verschlechtern: Monitoring, Drift-Management, Retraining und Veränderung der Modellspezifikationen müssen in den Prozess integriert werden.
- Technologien entwickeln sich schnell weiter; ein Ansatz zur Integration neuer Technologien ist erforderlich.

5. Element: Governance

Responsible AI sieht in einer starken Governance den Schlüssel zum Erreichen von Fairness und Vertrauenswürdigkeit. Der Ansatz basiert auf traditionellen Governance-Methoden:

- Absicht zu Beginn des Prozesses festlegen.
- Formalisierung der Einbindung von Menschen in die Prozesskette.
- Verantwortlichkeiten klar festlegen (siehe Abbildung 8-3).
- Einbindung von Zielen, die den Prozess definieren und strukturieren.
- Etablieren und Kommunizieren eines Ablaufs und von Regeln.
- Festlegen von quantifizierbaren Kennzahlen und Überwachung von Abweichungen.
- Integrieren mehrerer Prüfungen in die MLOps-Pipeline, die auf die Gesamtziele abgestimmt sind.
- Menschen durch Schulungen befähigen.
- Entwicklern und Entscheidungsträgern beibringen, wie sie Schäden verhindern können.

Governance ist daher sowohl die Grundlage als auch der Kitt von MLOps-Initiativen. Es ist jedoch wichtig, zu erkennen, dass sie über den Rahmen der traditionellen Data Governance hinausgeht.

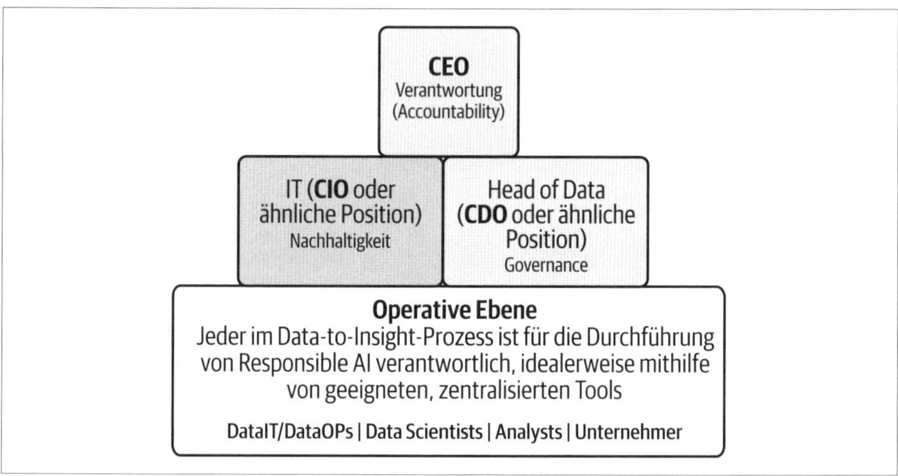

Abbildung 8-3: Die Darstellung, wer auf den verschiedenen Ebenen des Unternehmens für die unterschiedlichen Aspekte des Responsible-AI-Prozesses verantwortlich ist

Eine Vorlage für MLOps-Governance

Nachdem wir die wichtigsten Aspekte untersucht haben, die von einer MLOps-Governance adressiert werden müssen – sowohl durch regulatorische Maßnahmen als auch durch die Responsible-AI-Bewegung –, ist es nun an der Zeit, darzulegen, wie ein zuverlässiges Governance-Rahmenwerk für MLOps implementiert werden kann.

Es gibt keine Universallösung für alle Unternehmen. So erfordern unterschiedliche Anwendungsfälle innerhalb eines Unternehmens unterschiedliche Managementebenen. Jedoch kann der skizzierte schrittweise Ansatz in jedem Unternehmen angewendet werden, um den Implementierungsprozess durchzuführen.

Der Prozess beinhaltet acht Schritte:

1. Verstehen und Kategorisieren der Anwendungsfälle für Analysefunktionen.
2. Eine ethische Grundhaltung einnehmen.
3. Verantwortlichkeiten festlegen.
4. Richtlinien für die Governance aufstellen.
5. Einbinden von Richtlinien in den MLOps-Prozess.
6. Wählen der Werkzeuge für das zentrale Governance-Management.
7. Einbindung und Schulung.
8. Überwachen und Optimieren.

In diesem Abschnitt wird jeder einzelne Schritt im Detail erläutert. Dabei wird einerseits eine einfache Definition gegeben und andererseits beleuchtet, wie die tatsächliche Implementierung des Schritts aussehen könnte.

1. Schritt: Verstehen und Kategorisieren der Analytics-Anwendungsfälle

In diesem Schritt werden die verschiedenen Kategorien von Analytics-Anwendungsfällen beschrieben, und anschließend werden die Anforderungen durch die Governance für jeden einzelnen definiert.

Betrachten Sie die Antworten auf die folgenden Fragen für einen repräsentativen Querschnitt von Analytics-Anwendungsfällen. Identifizieren Sie die wichtigsten Unterscheidungsmerkmale der verschiedenen Anwendungsfälle und kategorisieren Sie diese Merkmale. Führen Sie die Kategorien gegebenenfalls zusammen. In der Regel wird es notwendig sein, jedem Anwendungsfall mehrere Kategorien zuzuordnen, um ihn vollständig zu beschreiben.

- Welchen Vorschriften unterliegt der jeweilige Anwendungsfall, und wie sind die Auswirkungen? Gibt es branchenspezifische oder regionale Vorschriften? Handelt es sich um persönlich identifizierbare Daten?
- Wer nutzt die Ergebnisse des Modells? Die Öffentlichkeit? Einer von vielen internen Benutzern?
- Wie sehen die Anforderungen an die Verfügbarkeit für das eingesetzte Modell aus? 24/7-Echtzeit-Scoring, zeitlich geplantes Batch-Scoring, Ad-hoc-Läufe (Self-Service-Analysen)?
- Wie wirken sich etwaige Fehler und Mängel aus? Rechtlich, finanziell, individuell, auf das öffentliche Vertrauen?
- Wie häufig und mit welcher Dringlichkeit werden die Releases veröffentlicht?
- Wie lang ist die Lebenszeit des Modells, und wie lang wirken sich seine Entscheidung aus?
- Wie wahrscheinlich ist es, dass die Modellqualität abnimmt?
- Wie sehr ist es vonnöten, dass das Modell erklärbar und transparent ist?

2. Schritt: Eine ethische Grundhaltung einnehmen

Wir haben festgestellt, dass Fairness und ethische Erwägungen wichtige Motivationsfaktoren für eine effektive Unternehmensführung sind, dass Unternehmen die Wahl haben, welche ethische Grundhaltung sie einnehmen, und dass dies Auswirkungen auf die öffentliche Wahrnehmung und das entgegengebrachte Vertrauen hat. Die Position, die ein Unternehmen einnimmt, stellt eine Abwägung zwischen den Kosten für die Umsetzung der Haltung und der öffentlichen Wahrnehmung dar. Verantwortungsvolle Verhaltensweisen sind selten mit kurzfristigen finanziellen Kosten verbunden, auch wenn der langfristige Ertrag (ROI) positiv sein kann.

Jedes für die MLOps-Governance eingesetzte Rahmenwerk muss die ethische Position des Unternehmens widerspiegeln. Während sich die ethische Grundhaltung in der Regel darauf auswirkt, was ein Modell tut und wie es dies tut, muss der MLOps-Governance-Prozess sicherstellen, dass die eingesetzten Modelle mit der eingenommenen ethischen Grundhaltung übereinstimmen. Diese Haltung wird wahrscheinlich den Governance-Prozess im weiteren Sinne beeinflussen, einschließlich der Auswahl und Überprüfung neuer Modelle und der zulässigen Wahrscheinlichkeit eines unbeabsichtigten Schadens.

Berücksichtigen Sie die folgenden ethischen Leitfragen:

- Welche Aspekte des gesellschaftlichen Wohlergehens sind wichtig? Beispiele: Gleichstellung, Privatsphäre, Menschenrechte und -würde, Beschäftigung, Demokratie, Diskriminierung.
- Gibt es mögliche Auswirkungen auf die menschliche Psyche, die es zu berücksichtigen gilt? Beispiele: Beziehungen zwischen einzelnen Individuen oder zwischen Mensch und KI, Täuschung, Manipulation, Ausbeutung.
- Ist eine Beurteilung der finanziellen Auswirkungen erforderlich? Beispiel: Marktmanipulation.
- Wie transparent sollte die Entscheidungsfindung sein?
- Wie sehr möchte das Unternehmen die Verantwortung für KI-bedingte Fehler übernehmen?

3. Schritt: Verantwortlichkeiten festlegen

Ermitteln Sie die Personengruppen sowie deren Rollen, die für die Einhaltung der MLOps-Governance verantwortlich sind.

- Beziehen Sie das gesamte Unternehmen ein, sowohl abteilungsübergreifend als auch alle Ebenen des Managements – von der obersten bis zur untersten.
- Peter Druckers berühmter Satz »Kultur isst Strategie zum Frühstück« unterstreicht die Kraft von weitreichendem Engagement und gemeinsamen Überzeugungen.
- Vermeiden Sie es, völlig neue Governance-Strukturen zu schaffen. Analysieren Sie, welche Strukturen bereits existieren, und versuchen Sie, die MLOps-Governance in diese zu integrieren.
- Verschaffen Sie sich die Unterstützung der Geschäftsleitung für den Governance-Prozess.
- Denken Sie in verschiedenen Dimensionen von Verantwortlichkeiten:
  - Strategisch: Festlegung der Vision.
  - Taktisch: Ein- und Durchsetzung der Vision.
  - Operativ: tägliche Umsetzung.

- Erwägen Sie die Erstellung einer RACI-Matrix für den gesamten MLOps-Prozess (siehe Abbildung 8-4). RACI steht für *verantwortlich*, *zuständig*, *zu konsultieren*, zu informieren (engl. Responsible, Accountable, Consulted, Informed) und hebt die Rollen der verschiedenen Beteiligten im gesamten MLOps-Prozess hervor. Es ist sehr wahrscheinlich, dass jede Matrix, die Sie in dieser Phase erstellen, im weiteren Verlauf des Prozesses verfeinert werden muss.

Aufgaben	Business Stakeholders	Business-Analysts/ Citizen DS	Data Scientists	Risiko/ Audit	DataOps	Produktion/ Nutzung	Ressourcen-verwaltung/ Architect
Identifizierung	A/R	C		I			
Datenaufbereitung	C	A/R	C				
Datenmodellierung	C	A	R				
Modellakzeptanz	I	C	C	A/R			
Produktionalisierung		C	A/R	I	C		
Kapitalisierung			R		R		A
Integration in externe Systeme					A/R		
Globale Orchestrierung		C			R	A	
Nutzerakzeptanztests	A/R	R	C		I		
Deployments					R	A	I
Monitoring	I	C				A/R	I

R: responsible (verantwortlich für Durchführung) A: accountable (zuständig) C: consulted (zu konsultieren) I: informed (zu informieren)

Abbildung 8-4: Eine typische RACI-Matrix für MLOps

4. Schritt: Richtlinien für die Governance aufstellen

Nachdem der Geltungsbereich und die Ziele für die Governance nun bekannt sind und die verantwortlichen Governance-Führungskräfte eingebunden wurden, ist es an der Zeit, die Kernrichtlinien für den MLOps-Prozess zu entwickeln. Dies ist keine kleine Aufgabe, und es ist unwahrscheinlich, dass sie in einer Iteration erreicht wird. Konzentrieren Sie sich auf die Festlegung grober Richtlinienbereiche und akzeptieren Sie, dass die Erfahrung dazu beitragen wird, die Einzelheiten noch genauer auszuarbeiten.

Betrachten Sie die Kategorisierung der Anwendungsfälle aus Schritt 1. Welche Governance-Maßnahmen braucht das Team bzw. das Unternehmen in jedem Fall?

Bei Anwendungsfällen, bei denen weniger Bedenken hinsichtlich des Risikos oder der Einhaltung von Vorschriften bestehen, können leichtere, kostengünstigere Maßnahmen angemessen sein. So haben beispielsweise »Was-wäre-wenn«-Kalkulationen zur Bestimmung der Anzahl von Bordmahlzeiten unterschiedlicher Art relativ geringe Auswirkungen – schließlich war die Zusammenstellung der Mahlzeiten bereits vor dem Einsatz von Machine Learning nur selten optimal. Selbst ein solch scheinbar unbedeutender Anwendungsfall kann ethische Implikationen haben, da die Auswahl der Mahlzeiten wahrscheinlich mit der Religion oder dem Geschlecht korreliert, was in vielen Ländern geschützte Personenmerkmale sind. Andererseits bergen die im Zusammenhang mit Berechnungen zur Bestimmung der Höhe der Betankung von Flugzeugen stehenden Implikationen ein wesentlich größeres Risiko.

Die wichtigsten Überlegungen zur Governance lassen sich unter den Oberbegriffen in Tabelle 8-3 zusammenfassen. Für jede dieser Kategorien gibt es eine Reihe von Maßnahmen, die in Betracht gezogen werden können.

Tabelle 8-3: Überlegungen zur MLOps-Governance

Überlegungen zur Governance	Beispielhafte Maßnahmen
Reproduzierbarkeit und Nachvollziehbarkeit	Vollständiger VM- und Daten-Snapshot für eine gezielte und schnelle Neuinstanziierung des Modells *oder* die Möglichkeit, die Umgebung neu zu erstellen und das Modell mit einer neuen Stichprobe zu trainieren, *oder* nur die Kenngrößen bzw. Gütemaße der deployten Modelle festhalten?
Auditierung und Dokumentation	Vollständige Protokollierung aller Änderungen während der Entwicklung einschließlich durchgeführter Experimente und Gründe für getroffene Entscheidungen *oder* lediglich automatisierte Dokumentation des deployten Modells *oder* überhaupt keine Dokumentation.
Human-in-the-Loop: während des Prozesses Freigaben durch Personen	Mehrfache Freigaben bei jedem Umgebungswechsel (Entwicklung, Qualitätssicherung, vor dem Produktivbetrieb, Produktivbetrieb).
Prüfung vor Inbetriebnahme	Überprüfung der Modelldokumentation mittels manuell programmierter Modelle und Vergleich der Ergebnisse *oder* eine vollständig automatisierte Testpipeline, die in einer produktionsähnlichen Umgebung mit umfangreichen Unit- und End-to-End-Testfällen nachgebildet wird, *oder* nur automatisierte Prüfungen der Datenbank, der Softwareversion und einheitlicher Standards bei Bezeichnungen.
Transparenz und Erklärbarkeit	Einen händisch programmierten Entscheidungsbaum für maximale Erklärbarkeit verwenden *oder* Hilfsmittel zur Erklärung von Regressionsalgorithmen wie Shapely-Werte verwenden *oder* undurchsichtige Algorithmen wie neuronale Netze hinnehmen.
Bias und Schadensprüfung	Manuelles Testen im »Red Team« unter Verwendung mehrerer Tools und Angriffsvektoren *oder* automatisierte Prüfung auf Bias/Verzerrung bei bestimmten Teilpopulationen.
Art des Produktivbetriebs	Containerisiertes Deployment auf eine flexible, skalierbare Hochverfügbarkeits- und Multiknotenkonfiguration mit automatisierten Stress-/Load-Tests vor dem Deployment *oder* einen einzelnen zentralen Produktionsserver.
Monitoring des Produktivbetriebs	Echtzeitalarmierung bei Fehlern, dynamischer Ausgleich mittels Multi-Armed-Bandit-Modellen, automatisches nächtliches Retraining, Modellbewertung und erneutes Deployment *oder* wöchentliches Monitoring des Drifts in den Eingaben und manuelles Retraining *oder* einfache Infrastrukturwarnungen, keinerlei Monitoring, kein Feedback-basiertes Retraining.

Tabelle 8-3: Überlegungen zur MLOps-Governance (Fortsetzung)

Überlegungen zur Governance	Beispielhafte Maßnahmen
Datenqualität und Compliance	Schutz personenbezogener Daten einschließlich Anonymisierung *und* dokumentierte und geprüfte Herkunft auf Spaltenebene, um die Quelle, die Qualität und die Zweckmäßigkeit der Daten nachvollziehen zu können *und* automatische Qualitätskontrolle der Daten auf Anomalien.

Die endgültigen Governance-Richtlinien sollten Folgendes vorsehen:

- Ein Prozess zur Bestimmung der Kategorisierung aller Analysevorhaben. Dies könnte in Form einer Checkliste oder einer Anwendung zur Risikobewertung erfolgen.
- Eine Matrix zur Einstufung von Anwendungsfällen unter Berücksichtigung der Governance, wobei jede Zelle die erforderlichen Maßnahmen angibt.

5. Schritt: Einbinden von Richtlinien in den MLOps-Prozess

Sobald die Governance-Richtlinien für die verschiedenen Kategorien von Anwendungsfällen ermittelt wurden, müssen Maßnahmen zu deren Umsetzung in den MLOps-Prozess aufgenommen und Verantwortlichkeiten für die Umsetzung der Maßnahmen zugewiesen werden.

Die meisten Unternehmen werden zwar einen bestehenden MLOps-Prozess haben, dennoch ist es sehr wahrscheinlich, dass dieser nicht explizit definiert wurde, sondern sich vielmehr als Reaktion auf individuelle Erfordernisse entwickelt hat. In diesem Fall wäre es an der Zeit, den Prozess zu überdenken, zu verbessern und zu dokumentieren. Der Governance-Prozess kann nur dann erfolgreich eingeführt werden, wenn er klar kommuniziert und die Zustimmung aller beteiligten Gruppen eingeholt wird.

Machen Sie sich mit allen Schritten des bestehenden Prozesses vertraut, indem Sie die Verantwortlichen befragen. Wenn es keinen bestehenden formalen Prozess gibt, ist dies oft schwieriger, als es klingt, da die Prozessschritte häufig nicht explizit definiert und die Verantwortlichkeiten unklar sind.

Der Versuch, die richtlinienorientierten Governance-Maßnahmen auf das Prozessverständnis abzubilden, wird sehr schnell Probleme in Prozessen aufdecken. Innerhalb eines Unternehmens kann es eine Reihe unterschiedlicher Projekttypen und Governance-Anforderungen geben, wie z. B.:

- einmalige Analysen, die intern genutzt werden (Self-Service)
- intern verwendete Modelle
- in öffentliche Webseiten eingebundene Modelle
- Modelle, die auf IoT-Geräten (Internet of Things) deployt werden

In diesen Fällen können die Unterschiede zwischen einigen Prozessen so groß sein, dass es am besten ist, in mehreren parallelen Prozessen zu denken. Schließlich sollte jede Governance-Maßnahme für jeden Anwendungsfall mit einem Prozessschritt und mit einem Team, das letztendlich verantwortlich ist, verbunden sein, wie hier dargestellt:

Prozessschritt	Beispielhafte Maßnahmen und Überlegungen zur Governance
Betriebliche Einordnung (Business Scoping)	Dokumentieren von Zielen, KPIs bestimmen und Freigabe protokollieren: für interne Governance-Aspekte.
Ideenfindung	Daten erkunden: Anforderungen an die Datenqualität und Einhaltung gesetzlicher Vorschriften.
	Wahl des Algorithmus: Beeinflusst durch Anforderungen bezüglich der Erklärbarkeit.
Entwicklung	Datenaufbereitung: Beachtung der Einhaltung von Datenschutzbestimmungen hinsichtlich sensibler personenbezogener Daten, Abgrenzung regionaler Geltungsbereiche, Vermeidung von Bias in Eingabedaten.
	Modellentwicklung: Berücksichtigen, dass das Modell reproduzierbar und überprüfbar ist.
	Modelle testen und hinsichtlich ihrer Verwendbarkeit verifizieren: Bias-Test und Schadensprüfung, Erklärbarkeit.
Vor Inbetriebnahme	Verifizieren, dass Leistung gewährleistet ist und dass kein Bias auch bezüglich realer Produktionsdaten vorliegt.
	Testen der Einsatzfähigkeit: Sicherstellen, dass das System skalierbar ist.
Deployment	Strategie für Deployment: getrieben durch den Grad der Operationalisierung.
	Tests zur Einsatzüberprüfung: Verwendung von Strategien wie Shadow-Challenger- oder A/B-Tests, um den produktiven Betrieb zu testen.
Monitoring und Feedback	Leistungskenngrößen und Warnmeldungen.
	Protokollierung der getätigten Vorhersagen, um Drift in Eingabedaten aufzudecken; einschließlich Warnmeldungen.

6. Schritt: Werkzeuge für das zentrale Governance-Management auswählen

Innerhalb des Unternehmens wirkt sich der MLOps-Governance-Prozess auf den gesamten ML-Lebenszyklus und dementsprechend auch auf eine ganze Reihe beteiligter Teams aus. In jedem Schritt bedarf es einer bestimmten Abfolge durchzuführender Maßnahmen und Überprüfungen. Vor dem Hintergrund der Anforderungen an die Nachvollziehbarkeit können sich speziell die Entwicklung von Modellen und die Umsetzung der Governance-Maßnahmen als ein komplexes Unterfangen erweisen.

Die meisten Unternehmen hängen beim Prozessmanagement immer noch in einer Zettelwirtschaft fest: Formulare werden ausgefüllt, verteilt, unterschrieben und abgelegt. Auch wenn die Formulare in Form von Textdokumenten vorliegen, per E-Mail verschickt und elektronisch abgelegt werden können, bleiben die Einschränkungen einer Zettelwirtschaft bestehen. Es ist schwierig, den Projektverlauf zu verfolgen, Artefakte zuzuordnen, zahlreiche Projekte auf einmal zu überprüfen, Maßnahmen zu veranlassen und Teams an ihre jeweiligen Zuständigkeiten zu erinnern. Die vollständige Dokumentation aller Vorgänge ist typischerweise über mehrere Systeme verteilt und liegt jeweils im Verantwortungsbereich der einzelnen Teams, was einen einfachen Überblick über Analyseprojekte praktisch unmöglich macht.

Während Teams sicherlich über die spezifischen Tools für ihre typischen rollenbezogenen Aufgaben verfügen, ist die MLOps-Governance viel effektiver, wenn der übergreifende Prozess von einem System aus verwaltet und nachvollzogen wird. Dieses System sollte Folgendes bieten:

- Die Governance-Prozessabläufe für jede Kategorie von Analyseanwendungsfällen an zentraler Stelle festlegen.
- Die Nachvollziehbarkeit und Umsetzung des gesamten Governance-Prozesses ermöglichen.
- Einen einzigen Bezugspunkt für die Recherche von Analyseprojekten bereitstellen.
- Eine Zusammenarbeit zwischen Teams, insbesondere bei der Übergabe von Arbeitsaufgaben, ermöglichen.
- Einbindung vorhandener Tools während der Projektdurchführung.

Die aktuellen Workflow-, Projektmanagement- und MLOps-Tools tragen diesen Zielsetzungen nur bedingt Rechnung. Derzeit entsteht eine völlig neue Art von ML-Governance-Tools, die diesen Anforderungen gezielter und umfassender gerecht werden sollen. Die neuen Tools zielen auf die speziellen Herausforderungen der ML-Governance ab, darunter folgende:

- Eine Gesamtübersicht über den Status aller Modelle (auch bekannt als Modell-Registry) zu ermöglichen.
- Prozessgates mit einem Freigabemechanismus, um den Verlauf der Entscheidungsfindung leicht nachvollziehen zu können.
- Die Möglichkeit, alle Versionen eines Modells zu verfolgen.
- Die Möglichkeit, auf Artefaktspeicher (*Artifact Stores*), Momentaufnahmen von Kenngrößen und Dokumentation zu verweisen.
- Die Fähigkeit, Prozesse speziell an die Kategorie von Analyseanwendungsfällen anpassen zu können.
- Die Fähigkeit, die Funktionskontrolle von Produktionssystemen einzubinden und die Leistung von Modellen anhand der ursprünglichen Unternehmenskennzahlen (KPIs) zu verfolgen.

7. Schritt: Einbinden und Schulen

Ohne ein Programm zur Einbindung und Schulung der Gruppen, die an der Überwachung und Ausführung des Governance-Prozesses beteiligt sind, stehen die Chancen, dass er auch nur ansatzweise angenommen wird, nicht sehr gut. Es ist wichtig, dass die Bedeutung der MLOps-Governance für das Unternehmen und die Notwendigkeit des Beitrags jedes einzelnen Teams hinreichend kommuniziert wird. Aufbauend auf diesem Verständnis, muss jeder Einzelne lernen, was er wann und wie tun muss. Hierfür sind umfangreiche Dokumentationen, Schulungen und vor allem Zeit erforderlich.

Beginnen Sie damit, die generelle Strategie in Bezug auf MLOps-Governance im Unternehmen zu kommunizieren. Weisen Sie auf die Gefahren des Status quo hin, formulieren Sie einen Prozess und beschreiben Sie, wie dieser auf die verschiedenen Anwendungsfälle zugeschnitten ist.

Nehmen Sie direkt mit jedem beteiligten Team Kontakt auf und erstellen Sie gemeinsam mit ihnen ein Schulungsprogramm. Scheuen Sie sich nicht, ihre Erfahrung zu nutzen, um nicht nur die Schulung, sondern auch die konkrete Umsetzung ihrer Governance-Zuständigkeiten auszugestalten. Dadurch erhöhen Sie die Akzeptanz und legen den Grundstein für eine effektivere Governance.

8. Schritt: Überwachen und Optimieren

Zeigt die neu eingeführte Governance Wirkung? Werden die vorgeschriebenen Schritte umgesetzt und die gesetzten Ziele erreicht? Welche Maßnahmen sollten ergriffen werden, wenn die Entwicklung nicht zufriedenstellend verläuft? Wie lässt sich die Diskrepanz zwischen dem gegenwärtigen Ist-Zustand und dem vom Unternehmen angestrebten Soll-Zustand quantifizieren?

Um Erfolg auch messbar zu machen, bedarf es entsprechender Messgrößen und Tests. Außerdem erfordert es Menschen, die mit der Überwachung betraut sind, und einen Ansatz zur Lösung von Problemen. Der Governance-Prozess und die Art und Weise, wie er implementiert wird, müssen im Laufe der Zeit sowohl auf Basis der gewonnenen Erfahrungen als auch der sich entwickelnden Anforderungen (einschließlich der sich entwickelnden gesetzlichen Anforderungen, wie zuvor in diesem Kapitel beschrieben) verfeinert werden.

Ein entscheidender Faktor für den Erfolg des Prozesses ist das Engagement der Personen, die für die einzelnen Maßnahmen im Prozess verantwortlich sind. Daher ist es wichtig, sie zu motivieren.

Die Überwachung des Governance-Prozesses erfordert ein klares Verständnis der wichtigsten Leistungskennzahlen und Sollgrößen, d.h. der KPIs für die Governance. Diese sollten so konzipiert sein, dass sie erfassen, ob der Prozess umgesetzt wird und ob die Ziele erreicht werden. Die Überwachung und Auditierung kann zeitaufwendig sein. Versuchen Sie daher, die Ermittlung der Kenngrößen so weit wie möglich zu automatisieren, und ermutigen Sie die einzelnen Teams, die Überwachung der Kenngrößen, die sich auf ihren Verantwortungsbereich beziehen, selbst zu übernehmen.

Die meisten Menschen können nur schwer dazu motiviert werden, Aufgaben zu erledigen, die ihnen – d.h. denen, die die Arbeit erledigen – scheinbar nichts Konkretes bringen. Eine sehr beliebte Methode, um diesem Problem beizukommen, nennt sich *Gamification*. Dabei geht es nicht um ein Videospiel, sondern darum, Anreize für die Mitarbeiter einzuführen, Aufgaben auszuführen, bei denen der wesentliche Nutzen anderen zugutekommt.

Versuchen Sie, den Governance-Prozess auf einfache Weise spielerisch zu gestalten: Der simple Ansatzpunkt ist die Veröffentlichung der KPI-Ergebnisse in einem größeren Kreis. Allein die Tatsache, dass der Mitarbeiter sieht, dass die Ziele erreicht wurden, sorgt für Zufriedenheit und Motivation. Ebenso können Ranglisten, ob auf Team- oder individueller Ebene, zusätzlich einen gewissen konstruktiven Wettbewerb auslösen. So sollten beispielsweise die Mitarbeiter, deren Arbeit die Compliance-Prüfungen stets auf Anhieb besteht oder die Termine einhalten, das Gefühl haben, dass ihre Bemühungen wahrgenommen werden.

Ein übermäßiger Wettbewerb kann sich jedoch störend und demotivierend auswirken. Es muss daher ein Gleichgewicht gefunden werden – das erreicht man am besten, indem man die Gamification-Elemente sukzessive im Laufe der Zeit aufbaut. Beginnen Sie mit dem am wenigsten wettbewerbsorientierten Element und fügen Sie nach und nach neue Elemente hinzu. Zudem sollten Sie deren Effektivität bewerten, bevor Sie das nächste Element etablieren.

Veränderungen in der Governance-Landschaft zu verfolgen, ist unerlässlich. Diese können regulatorischer Natur sein oder sich um die öffentliche Meinung handeln. Diejenigen, die für die strategische Ausrichtung verantwortlich sind, müssen diese weiterhin verfolgen und sollten einen Prozess zur Bewertung potenzieller Neuerungen haben.

Letztlich ist jede Prozessüberwachung nur dann sinnvoll, wenn dabei auf Probleme reagiert wird. Legen Sie einen Prozess fest, um sich auf Veränderungen zu einigen und diese zu vollziehen. Das kann dazu führen, dass Richtlinien, Prozesse, Tools, Verantwortlichkeiten, Schulungsmaßnahmen und das Monitoring kontinuierlich überdacht werden müssen. Es ist notwendig, stetig zu iterieren und zu verfeinern. Jedoch ist die richtige Mischung aus Effizienz und Effektivität schwer zu finden; viele Lektionen können nur auf schmerzhafte Art und Weise gelernt werden. Schaffen Sie eine Kultur, in der die Mitarbeiter den Prozess der Iteration und Optimierung als Maßstab für einen erfolgreichen und nicht für einen schlechten Prozess sehen.

Abschließende Überlegungen

MLOps und Governance sind nur schwer voneinander zu trennen. Ohne Governance ist es nicht möglich, den Modelllebenszyklus erfolgreich zu organisieren, die Risiken zu minimieren und einen hohen Mehrwert zu schaffen. Die Governance wirkt sich auf alles aus: beginnend mit der Frage, wie das Unternehmen ML in vertretbarer Weise nutzen kann, über die Daten und Algorithmen, die verwendet werden können, bis hin zur Art der Operationalisierung, des Monitorings und des Retrainings.

Die Möglichkeit, MLOps zu skalieren, steckt noch in den Kinderschuhen. Nur wenige Unternehmen betreiben es – und noch weniger auch effektiv. Während die Governance der Schlüssel zur Verbesserung der Effektivität von MLOps ist, gibt es heute lediglich einige wenige Tools, die die damit verbundenen Herausforderungen gezielt adressieren. Zudem ist nur selten ein konkreter Leitfaden zur Hand.

Das öffentliche Vertrauen in ML steht auf dem Spiel. Selbst schwerfällig agierende Institutionen wie die EU verstehen die Situation. Wenn das Vertrauen abhandenkommt, werden viele der Vorteile, die aus ML gezogen werden können, verloren gehen. Auch wenn weitere Gesetze in Vorbereitung sind, müssen sich Unternehmen verstärkt Gedanken über den potenziellen Schaden ihres öffentlichen Ansehens machen, das durch ein versehentlich schadhaftes Modell verursacht werden kann.

Wenn Sie planen, MLOps in größerem Stil einzuführen, beginnen Sie mit der Governance, und nutzen Sie diese. Machen Sie sich Gedanken über die Richtlinien, denken Sie über den Einsatz von Tools nach, um einen zentralen Überblick zu erhalten, und engagieren Sie sich in Ihrem gesamten Unternehmen. Es wird Zeit und mehrere Anläufe benötigen. Letztendlich wird aber das Unternehmen zurückblicken können und stolz darauf sein, dass es seiner Verantwortung gerecht geworden ist.

TEIL III

MLOps-Anwendungsfälle aus der Praxis

KAPITEL 9

MLOps in der Praxis: Kreditrisikomanagement bei der Vergabe von Verbraucherkrediten

In den letzten Kapiteln dieses Buchs werden wir anhand von drei Beispielen beleuchten, wie MLOps-Prozesse in der Praxis aussehen könnten. Wir haben uns bewusst für diese drei Beispiele entschieden, da sie grundlegend unterschiedliche Anwendungsfälle für Machine Learning darstellen und veranschaulichen, wie sich die MLOps-Methodik unterscheiden kann, um den Anforderungen des Unternehmens und seiner Vorgehensweise im ML-Modelllebenszyklus zu entsprechen.

Hintergründe des geschäftlichen Anwendungsfalls

Wenn ein Verbraucher um einen Kredit ersucht, muss das Kreditinstitut die Entscheidung treffen, ob der Kredit gewährt wird oder nicht. Je nach Anwendungsfall kann der Grad der Automatisierung in diesem Prozess variieren. Es ist jedoch sehr wahrscheinlich, dass die Entscheidung auf Basis von Scores getroffen wird, die die Wahrscheinlichkeit abschätzen, dass der Kredit wie erwartet zurückgezahlt wird oder nicht.

Die Scores werden üblicherweise in verschiedenen Stadien des Prozesses eingesetzt:

- In der Phase der Vorauswahl (Pre-Screening) ermöglichen sie dem Institut bereits eine Bewertung auf der Grundlage einer kleinen Anzahl von Features, um einige Anträge unmittelbar abzulehnen.
- Ein mit allen erforderlichen Informationen berechneter Score liefert im Rahmen der Kreditprüfung eine genauere Entscheidungsgrundlage.
- Nach der Kreditprüfung können die Scores verwendet werden, um das mit den Krediten im Portfolio verbundene Risiko zu bewerten.

Zur Berechnung dieser Wahrscheinlichkeiten werden seit Jahrzehnten verschiedene analytische Methoden eingesetzt. Beispielsweise wird in den USA seit dem Jahr 1995 der FICO-Score verwendet. Angesichts der unmittelbaren Auswirkungen auf die Ertragslage der Institute und auf das Leben der Kreditnehmer standen diese Prognosemodelle schon immer unter großer Beobachtung. Folglich wurden die Prozesse, Methoden und Fähigkeiten in einem stark regulierten Umfeld formalisiert, um eine dauerhafte Leistungsfähigkeit der Modelle sicherzustellen.

Unabhängig davon, ob die Modelle auf von Experten erstellten Regeln, auf klassischen statistischen Modellen oder auf neueren ML-Algorithmen beruhen, müssen sie alle ähnliche Vorschriften erfüllen. Das Kreditrisikomanagement von Verbraucherkrediten kann daher als Vorläufer von MLOps angesehen werden: Mögliche Parallelen zu anderen Anwendungsfällen sowie Best Practices können anhand dieses Anwendungsfalls analysiert werden.

Zum Zeitpunkt der eigentlichen Kreditentscheidung liegen in der Regel Informationen über die historische und aktuelle Lage des Kunden vor. Wie viele Kredite hat der Antragsteller bereits zu tragen? Hat er jemals einen Kredit nicht zurückgezahlt (im Kreditjargon: ist der Kunde ein säumiger Schuldner bzw. in Zahlungsverzug)? In einigen Ländern sammeln Einrichtungen, die Kreditauskunfteien genannt werden, diese Informationen und stellen sie den Kreditgebern entweder direkt oder in Form eines Scores (wie des bereits erwähnten FICO-Scores) zur Verfügung. In Deutschland wäre dies beispielsweise die Schufa.

Die vorherzusagende Zielgröße zu definieren, ist komplexer. Ein Kunde, der seinen Kredit nicht wie erwartet bedient, kommt einem »schlechten« Ergebnis in der Kreditrisikomodellierung gleich. Theoretisch müsste man auf die vollständige Rückzahlung warten, um ein »gutes« Ergebnis bestimmen zu können. Um wiederum ein »schlechtes« Ergebnis zu bestimmen, müssten erst die Verluste vollständig abgeschrieben sein. Es kann jedoch lange dauern, bis diese endgültigen Informationen verfügbar sind, und auf sie zu warten, würde die Reaktionsfähigkeit hinsichtlich sich ändernder Bedingungen beeinträchtigen. Daher werden in der Regel auf der Grundlage verschiedener Indikatoren Abwägungen vorgenommen, um »schlechte« Ergebnisse zu deklarieren, noch bevor die Verluste realisiert wurden.

Modellentwicklung

Früher basierte die Kreditrisikomodellierung auf der Verwendung einer Mischung aus Regeln (im modernen ML-Jargon *händisches Feature Engineering*) und der logistischen Regression, wobei Expertenwissen unerlässlich ist. Der Aufbau einer geeigneten Kundensegmentierung sowie die Untersuchung des Einflusses der einzelnen Variablen und der Wechselwirkungen zwischen den Variablen erfordern einen enormen Zeit- und Arbeitsaufwand. Kombiniert mit fortgeschrittenen Methoden wie zweistufigen Modellen mit Offset-Term, fortgeschrittenen allgemeinen linearen Modellen auf Basis der Tweedie-Verteilung oder Monotoniebeschränkungen auf der einen Seite und Methoden zum Management der Finanzrisiken auf der anderen Seite, wird dieses Feld zu einer Spielwiese für Versicherungsmathematiker.

Durch Gradient-Boosting-Algorithmen wie XGBoost konnte der Aufwand für die Erstellung hochwertiger Modelle gesenkt werden. Ihre Validierung wird jedoch durch den Black-Box-Effekt erschwert: Es ist schwierig, das Gefühl zu bekommen, dass solche Modelle unabhängig von den Eingaben vernünftige Ergebnisse liefern. Nichtsdestotrotz haben die Entwickler von Kreditrisikomodellen gelernt, diese neuen Arten von Modellen zu verwenden und zu validieren. Sie haben neue Validierungsmethoden entwickelt, die z. B. auf individuellen Erklärungsansätzen (z. B. Shapley-Werten) basieren, um Vertrauen in ihre Modelle zu schaffen – eine entscheidende Komponente von MLOps, wie wir bereits im Verlauf dieses Buchs gesehen haben.

Überlegungen zu Bias in Modellen

Der Entwickler des Modells muss auch Selektionsverzerrungen (engl. *Selection Bias*) berücksichtigen, da das Modell implizit bzw. zwangsläufig auch zur Ablehnung von Antragstellern verwendet wird. Infolgedessen sind die Personen, an die ein Kredit vergeben wird, nicht repräsentativ für alle antragstellenden Personen.

Durch das unbedachte Trainieren einer Modellversion auf den von der vorherigen Modellversion ausgewählten Personen (d. h. Personen, denen ein Kredit gewährt wurde) würde der Data Scientist dafür sorgen, dass ein Modell nicht in der Lage ist, akkurate Vorhersagen für abgewiesene Personen zu treffen, da diese nicht im Trainingsdatensatz vertreten sind, obwohl sie ebenfalls in dem Modell berücksichtigt werden müssten. Dieser Effekt wird als Rosinenpickerei (*Cherry-Picking*) bezeichnet. Infolgedessen müssen spezielle Methoden wie die Neugewichtung auf Basis der Verteilung der Antragsteller oder eine Kalibrierung des Modells auf Basis externer Daten vorgenommen werden.

Modelle, die zur Risikobeurteilung und nicht nur zur Entscheidungsfindung bezüglich der Kreditvergabe verwendet werden, müssen Wahrscheinlichkeiten und nicht nur binäre Ergebnisse wie bei einer einfachen binären Ja/Nein-Entscheidung ausgeben. Normalerweise ist die Wahrscheinlichkeit, die direkt von Vorhersagemodellen ermittelt wird, nicht akkurat genug. Während es kein Problem darstellt, einen Schwellenwert zu verwenden, um eine binäre Klassifikation zu erhalten, benötigen Data Scientists in der Regel eine monotone Transformation, die als *Kalibrierung* bezeichnet wird, um die »wahren« Wahrscheinlichkeiten zu erhalten, wie sie auf Basis historischer Daten ermittelt wurden.

Die Modellvalidierung für diesen Anwendungsfall besteht in der Regel aus Folgendem:

- Validieren der Genauigkeit auf Out-of-Sample- bzw. Hold-out-Datensätzen, die nach (oder in einigen Fällen auch vor) den Trainingsdatensätzen ausgewählt werden.
- Die Genauigkeit sollte nicht nur insgesamt beurteilt werden, sondern auch in Bezug auf einzelne Personengruppen. Die Personengruppen entsprechen typischerweise Kundensegmenten, die auf dem Umsatz basieren. Mit dem Aufkommen der Responsible AI werden auch andere Segmentierungsvariablen wie das Geschlecht oder jedes geschützte Merkmal gemäß der lokalen Regulie-

rung herangezogen. Diese Analyse zu unterlassen, kann sehr riskant sein und zu schwerwiegenden Schäden führen, wie beispielsweise Apple im Jahr 2019 eindrucksvoll erfahren musste, als seine Kreditkarte als »sexistisch« gegenüber Frauen, die einen Kredit beantragten (*https://oreil.ly/iO3yj*), entlarvt wurde.

Produktionsvorbereitung

In Anbetracht der weitreichenden Auswirkungen von Kreditrisikomodellen ist ihr Validierungsprozess mit erheblichem Aufwand verbunden, speziell im Hinblick auf die Modellentwicklung, und er umfasst die vollständige Dokumentation von:

- den verwendeten Daten,
- dem Modell und den im Rahmen seiner Entwicklung getroffenen Hypothesen,
- den Methoden zur und den Ergebnissen der Validierung sowie
- der Vorgehensweise beim Monitoring.

Das Monitoring richtet sich in diesem Zusammenhang vor allem auf zwei Aspekte. Zum einen wird überwacht, ob eine Diskrepanz zwischen den realen Daten und den Trainingsdaten ausgemacht werden kann, und zum anderen, ob sich die Güte des Modells verschlechtert. Da es nach einer getroffenen Vorhersage relativ lange dauert, bis der wahre Wert erhoben werden kann (typischerweise ein paar Monate nach Fälligkeit des Kredits, um verspätete Zahlungen zu berücksichtigen), reicht es nicht aus, lediglich die Güte des Modells zu überwachen. Auch eine Veränderung in der Struktur der Daten muss sorgfältig überwacht werden.

Sollte z. B. eine wirtschaftliche Rezession eintreten oder sich die Geschäftspolitik ändern, ist es wahrscheinlich, dass sich die Struktur der Antragsteller so wandelt, dass die Leistungsfähigkeit des Modells ohne weitere Validierung nicht garantiert werden kann. Um eine Diskrepanz der Daten (*Data-Drift*) zu überwachen, werden in der Regel hinsichtlich bestimmter Kundensegmente allgemeine statistische Maße herangezogen, die Abweichungen zwischen den Wahrscheinlichkeitsverteilungen erfassen können (wie Kolmogorov-Smirnov-Test oder Wasserstein-Distanz). Zusätzlich kommen Kennzahlen wie der *Population Stability Index* und der *Characteristic Stability Index*, die speziell im Bereich von Finanzdienstleistungen genutzt werden, zum Einsatz. Zudem wird regelmäßig die Modellgenauigkeit im Hinblick auf Untergruppen (*https://oreil.ly/1-7kd*) mithilfe allgemeiner (wie AUC) oder spezifischer Maße (Kolmogorov-Smirnov, Gini) bewertet.

Die Modelldokumentation wird normalerweise von einem MRM-Team in einem sehr formalen und eigenständigen Prozess überprüft. Eine solche unabhängige Prüfung bietet sich an, da auf diese Weise sichergestellt werden kann, dass die richtigen Fragen an das Modellentwicklungsteam gestellt werden. In einigen kritischen Fällen kann das Team, das die Validierung durchführt, das Modell auf Grundlage der Dokumentation vollständig von Neuem aufbauen. In manchen Fällen wird eine zweite Version mit einer alternativen Methode erstellt, um das Vertrauen in die Modelldokumentation zu stärken und unbemerkte Fehler, die sich aus dem ursprünglichen Ansatz ergeben, aufzudecken.

Die komplexen und zeitaufwendigen Modellvalidierungsprozesse wirken sich auf den gesamten MLOps-Lebenszyklus aus. Schnelle Korrekturen und Modelliterationen sind bei einer so umfangreichen Qualitätssicherung nicht möglich, weshalb sich der MLOps-Lebenszyklus sehr langwierig und behutsam gestaltet.

Deployment in die Produktivumgebung

In großen Finanzdienstleistungsunternehmen ist die Produktivumgebung normalerweise nicht nur von der Entwicklungsumgebung getrennt, sondern basiert wahrscheinlich auch auf anderen Technologien. Der bei kritischen Vorgängen – wie z.B. der Validierung von Transaktionen und gegebenenfalls auch der Kreditprüfung – verwendete technische Stack wird sich für gewöhnlich nur langsam weiterentwickeln.

In der Vergangenheit wurden in Produktivumgebungen hauptsächlich regelbasierte oder einfache lineare Modelle wie die logistische Regression betrieben. Einige können auch komplexere Modelle in Form von *Predictive Model Markup Language* (PMML) oder JAR-Dateien verarbeiten. Bei weniger anspruchsvollen bzw. unkritischen Anwendungsfällen ist möglicherweise ein Deployment mithilfe von Docker oder einer integrierten Data-Science- und Machine-Learning-Plattform möglich. Das Modell kann dann letztlich durch einfache Bedienschritte betrieben werden, die vom Klicken auf eine Schaltfläche bis zum Schreiben einer Formel auf Grundlage eines Microsoft-Word-Dokuments reichen können.

Die Protokollierung (*Logging*) der Aktivitäten des eingesetzten Modells ist für die Überwachung der Qualität des Modells in einem so bedeutsamen Anwendungsfall unerlässlich. Je nachdem, wie häufig das System überwacht wird, kann die Feedback-Schleife automatisiert werden oder nicht. Eine Automatisierung ist z.B. möglicherweise nicht erforderlich, wenn das Monitoring nur ein- oder zweimal pro Jahr durchgeführt wird und der größte Teil der Zeit dafür benötigt wird, die Daten zu beschaffen. Andererseits kann eine Automatisierung unerlässlich sein, wenn die Tests wöchentlich durchgeführt werden, was bei kurzfristigen Krediten mit Laufzeiten von nur wenigen Monaten durchaus der Fall sein kann.

Abschließende Überlegungen

Finanzdienstleister entwickeln schon seit Jahrzehnten Verfahren zur Validierung und Überwachung von Vorhersagemodellen. Sie waren kontinuierlich in der Lage, sich an neue Methoden wie Gradient Boosting anzupassen. Angesichts ihrer weitreichenden Bedeutung sind die Prozesse rund um das Lebenszyklusmanagement dieser Modelle stark formalisiert und sogar in vielen Vorschriften verankert. Sie können folglich als Grundlage für Best Practices für MLOps-Bemühungen in anderen Bereichen dienen, auch wenn Anpassungen erforderlich sind, da die bestehenden Zielkonflikte – d.h. die Abwägungen zwischen Zuverlässigkeit auf der einen Seite und Kosteneffizienz, der Zeitspanne, bis umgesetzte Maßnahmen einen Mehrwert bringen (Time-to-Value) und, besonders wichtig, Frustration im Team auf der anderen Seite – in anderen Branchen unterschiedlicher Natur sein können.

KAPITEL 10

MLOps in der Praxis: Empfehlungssysteme im Marketing

Makoto Miyazaki

Empfehlungssysteme (*Recommendation Engines*) sind in den letzten 20 Jahren zunehmend in Erscheinung getreten, von den ersten Buchempfehlungen bei Amazon bis zur heutigen breiten Verwendung in Onlineshops, in der Werbung und beim Musik- und Videostreaming. Wir alle haben uns an sie gewöhnt. Im Laufe der Jahre haben sich jedoch die zugrunde liegenden Technologien hinter diesen Systemen weiterentwickelt.

Dieses Kapitel behandelt einen Anwendungsfall, der die Anpassung von und den Bedarf an MLOps-Strategien vor dem Hintergrund der Besonderheiten eines schnelllebigen und sich schnell ändernden Lebenszyklus von Machine-Learning-Modellen veranschaulicht.

Empfehlungssysteme im Wandel der Zeit

Im Marketing wurden die Empfehlungen ursprünglich von Menschen ausgearbeitet. Basierend auf qualitativen und quantitativen Marketingstudien, stellten Marketingexperten Regeln auf, die statische Einblendungen (im Sinne von Werbeeinblendungen) vorgaben, die einem Kunden mit bestimmten Charakteristika gezeigt wurden. Dieser Ansatz führte zur weitverbreiteten Legende (*https://oreil.ly/HDPpE*), dass eine Lebensmittelkette herausfand, dass Männer, die donnerstags und samstags Windeln kauften, mit größerer Wahrscheinlichkeit auch Bier kauften und dass daher die Platzierung der beiden Produkte nebeneinander den Bierabsatz steigern würde.

Insgesamt wiesen manuell erstellte Empfehlungssysteme zahlreiche Schwierigkeiten auf, die eine erhebliche Geldverschwendung zur Folge hatten. Es war schwierig, Regeln auf der Grundlage vieler verschiedener Kundenmerkmale zu erstellen, denn der Prozess der Regelerstellung passierte händisch. Es war auch schwierig, Experimente aufzusetzen, um viele verschiedene Arten von Einblendungen zu testen, und es war mühsam, die Regeln zu aktualisieren, wenn sich das Verhalten der Kunden änderte.

Die Rolle von Machine Learning

Der Vormarsch von Machine Learning hat ein neues Paradigma für Empfehlungssysteme angestoßen, das einen Verzicht auf Regeln ermöglicht, die ausschließlich auf menschlichen Erkenntnissen basieren. Eine neue Gruppe von Algorithmen namens *Collaborative Filtering* dominiert nun das Feld. Dieser Algorithmus ist in der Lage, Daten zu Kunden und Kaufentscheidungen mit Millionen von Kunden und Zehntausenden von Produkten zu analysieren, um Empfehlungen ohne jegliches Marketingvorwissen auszusprechen. Weil effizient identifiziert wird, was Kunden, die sich wie der aktuelle Kunde verhalten, gekauft haben, können sich Marketingfachleute auf automatische Strategien verlassen, die sowohl in Bezug auf die Kosten als auch auf die Effizienz die konventionellen Strategien übertreffen.

Da der Prozess der Erstellung von Strategien automatisch abläuft, ist es möglich, sie regelmäßig zu aktualisieren und sie mithilfe von A/B- oder Schattentests zu vergleichen (einschließlich der Art und Weise, wie Einblendungen unter allen Möglichkeiten ausgewählt werden). Beachten Sie, dass diese Algorithmen aus verschiedenen Gründen mit allgemeineren Geschäftsregeln verknüpft werden können – z.B. um eine Filterblase zu vermeiden, ein Produkt in einem bestimmten geografischen Gebiet nicht zu verkaufen oder die Verwendung einer bestimmten Assoziation zu verhindern, die zwar statistisch aussagekräftig, aber unethisch ist (z.B. wenn einem Alkoholkranken alkoholische Getränke vorgeschlagen werden), um nur einige Beispiele zu nennen.

Push- oder Pull-Empfehlungen?

Bei der Implementierung eines Empfehlungssystems gilt es zu beachten, dass seine Struktur davon abhängt, ob die Empfehlungen Push- oder Pull-Charakter haben. Push-Kanäle sind am einfachsten zu handhaben. Sie können zum Beispiel aus dem Versenden von E-Mails oder ausgehenden Anrufen bestehen.

Das Empfehlungssystem kann regelmäßig im Batch-Modus ausgeführt werden (d.h., die Auswertung der Anfragen erfolgt batchweise und nicht in Echtzeit, sondern typischerweise einmal täglich oder auch monatlich), und es ist einfach, den Kundendatensatz in mehrere Teile aufzuteilen, um die Analyse im Rahmen eines fundierten experimentellen Designs durchzuführen. Eine regelmäßige Ausführung ermöglicht eine regelmäßige Prüfung und Optimierung der Strategie.

Pull-Kanäle sind oft effektiver, weil sie dem Kunden die Informationen genau dann zur Verfügung stellen, wenn er sie braucht – z.B. bei einer Onlinesuche oder bei einem Anruf, der beim Kundenservice eingeht. Um die Empfehlung zielgerichtet anzupassen, können spezifische Informationen aus der jeweiligen Sitzung verwendet werden (etwa wonach der Benutzer gesucht hat). Empfehlungen, die einen Pull-Charakter besitzen, sind beispielsweise auf Musik-Streaming-Plattformen in Form vorgeschlagener Wiedergabelisten anzutreffen.

Empfehlungen können entweder vorab berechnet werden, wie in dem ausführlichen Beispiel in diesem Kapitel dargestellt, oder in Echtzeit erfolgen. Im letzteren Fall muss eine spezielle Architektur eingerichtet werden, um Empfehlungen in Echtzeit (*on the fly*) ermitteln zu können.

In einem Pull-Kontext stellt der Vergleich von Strategien eine größere Herausforderung dar. Erstens unterscheiden sich die Kunden, die über einen bestimmten Kanal anfragen, wahrscheinlich vom Durchschnittskunden. In einfachen Fällen ist es möglich, die zu verwendende Strategie für jede Empfehlung zufällig zu wählen. Doch es kommt auch vor, dass die Strategie über einen bestimmten Zeitraum für einen bestimmten Kunden konsistent verwendet werden muss. Dies führt normalerweise zu einem unausgewogenen Anteil an Empfehlungen, die mit jeder Strategie einhergehen, was die statistische Auswertung zur Bestimmung der besten Strategie noch komplexer macht. Sobald jedoch ein guter Rahmen gesetzt ist, ermöglicht dies einen sehr schnellen Optimierungskreislauf, da zahlreiche Strategien in Echtzeit getestet werden können.

Datenaufbereitung

Die Kundendaten, die einem Empfehlungssystem normalerweise zugänglich sind, beinhalten folgende Informationen:

- Strukturelle Informationen über den Kunden (z.B. Alter, Geschlecht, Standort).
- Informationen über vergangene Aktivitäten (z.B. frühere Ansichten, Käufe, Suchen).
- Aktueller Kontext (z.B. aktuelle Suche, angesehene Produkte).

Unabhängig von der verwendeten Methode müssen alle Kundeninformationen zu einem Vektor (einer Liste mit festgelegter Größe) bestimmter Merkmale verdichtet werden. Zum Beispiel könnten aus den zurückliegenden Aktivitäten die folgenden Merkmale gewonnen werden:

- Umsatz in der letzten Woche oder im letzten Monat.
- Anzahl der Aufrufe in den vergangenen Berichtszeiträumen.
- Zunahme der Ausgaben oder der Ansichten im letzten Monat.
- Zuvor gesehene Einblendungen und die Kundenresonanz.

Zusätzlich zu den Kundendaten kann auch der Kontext der Empfehlung berücksichtigt werden, zum Beispiel die Anzahl der Tage bis zum Sommerbeginn bei saisonalen Produkten wie Swimmingpools zum Selbstaufstellen oder die Anzahl der Tage bis zur monatlichen Gehaltsüberweisung, da manche Kunden den Kauf aus Cashflow-Gründen hinauszögern.

Sobald die Kunden- und Kontextdaten formatiert vorliegen, ist es wichtig, die Menge der infrage kommenden Empfehlungen festzulegen – und hier gibt es viele

Auswahlmöglichkeiten. Das gleiche Produkt kann mit verschiedenen Angeboten präsentiert werden, die dann auf unterschiedliche Weise vorgestellt werden können.

Es ist von äußerster Wichtigkeit, die Option »nichts empfehlen« zu berücksichtigen. In der Tat haben die meisten von uns die persönliche Erfahrung gemacht, dass nicht alle Empfehlungen eine positive Wirkung zur Folge haben. Manchmal kann es besser sein, anstelle von Alternativen gar nichts zu zeigen. Außerdem sollte berücksichtigt werden, dass einige Kunden möglicherweise nicht berechtigt sind, bestimmte Empfehlungen zu sehen, zum Beispiel aufgrund ihrer geografischen Herkunft.

Experimente konzipieren und verwalten

Um kontinuierlich das Verbesserungspotenzial von Empfehlungssystemen auszureizen, ist es notwendig, innerhalb eines sinnvollen Rahmens mit verschiedenen Strategien zu experimentieren. Bei der Entwicklung eines Prognosemodells für ein Empfehlungssystem könnten sich die Data Scientists durchaus auf eine einfache Strategie konzentrieren, wie beispielsweise auf die Vorhersage der Wahrscheinlichkeit, dass ein bestimmter Kunde auf eine bestimmte Empfehlung klickt.

Dies mag einen vernünftigen Kompromiss im Vergleich zu dem genauer angelegten Ansatz darstellen, bei dem versucht wird, Informationen darüber zu sammeln, ob der Kunde ein bestimmtes Produkt gekauft hat und ob man diesen Kauf einer bestimmten Empfehlung zuordnen kann. Aus geschäftlicher Sicht ist dies jedoch nicht wünschenswert, da Phänomene wie Kannibalisierung auftreten können (indem man einem Kunden ein Produkt mit niedriger Gewinnspanne zeigt, könnte man ihn davon abhalten, ein Produkt mit einer höheren Gewinnspanne zu kaufen). Infolgedessen könnte, selbst wenn die Vorhersagen akkurat waren und zu einem erhöhten Umsatzvolumen führten, der Gewinn geringer ausfallen.

Andererseits könnte ein bloßes Verfolgen der Unternehmens- und nicht der Kundeninteressen langfristig auch nachteilige Folgen haben. Die Geschäftskennzahl (KPI), mit der beurteilt wird, ob eine bestimmte Strategie zu besseren Ergebnissen führt, sollte ebenso sorgfältig ausgewählt werden wie der Zeitraum, in dem die Bewertung erfolgt. Üblicherweise wird als KPI der Umsatz über einen Zeitraum von zwei Wochen, nachdem die Empfehlung angezeigt wurde, gewählt.

Um einem experimentellen Rahmen in Form eines A/B-Tests möglichst nahe zu kommen, müssen die Kontrollgruppe und die Versuchs- bzw. Testgruppen sorgfältig ausgewählt werden. Idealerweise werden die Gruppen vor Beginn des Experiments durch eine zufällige Aufteilung des Kundenstamms festgelegt. Wenn möglich, sollten die Kunden in letzter Zeit nicht an einem anderen Experiment teilgenommen haben, damit ihre historischen Daten nicht durch dessen Auswirkungen beeinflusst worden sind. In einem Pull-Kontext, in dem kontinuierlich viele neue Kunden hinzukommen, ist das jedoch eventuell nicht möglich. In diesem Fall könnte die Zuordnung im laufenden Betrieb vorgenommen werden. Die erforderliche

Größe der Gruppen sowie die Dauer der Experimente hängen von dem zu erwartenden bzw. erhofften Ausmaß des KPI-Unterschieds zwischen den beiden Gruppen ab: je größer der erwartete Effekt, desto kleiner die erforderliche Gruppengröße und desto kürzer die Dauer.

Die Experimente könnten auch in zwei Etappen durchgeführt werden: Im ersten Schritt könnten zwei Gruppen gleicher Größe ausgewählt werden, die jedoch nicht allzu groß gewählt werden müssen. Wenn das Experiment Erfolg versprechend verläuft, könnte damit begonnen werden, beim Deployment zu 10 % auf die neue Strategie zu setzen. Wenn die Ergebnisse den Erwartungen entsprechen, kann dieser Anteil schrittweise erhöht werden.

Training und Deployment von Modellen

Um den MLOps-Prozess für diese Art von Anwendungsfall besser zu veranschaulichen, fokussieren sich die folgenden Abschnitte auf das spezifische Beispiel eines hypothetischen Unternehmens, das eine automatisierte Pipeline zum Trainieren und Deployen von Empfehlungssystemen einsetzt. Das Unternehmen ist ein globales Softwareunternehmen (nennen wir es MarketCloud) mit Hauptsitz im Silicon Valley.

Eines der Produkte von MarketCloud ist eine Software-as-a-Service-(SaaS-)Plattform namens SalesCore. SalesCore ist ein B2B-Produkt, das seinen Nutzern (Unternehmen) ermöglicht, den Verkauf an Kunden auf einfache Weise voranzutreiben, indem sie den Überblick über ihre Geschäfte behalten, das lästige Verwaltungsaufgaben übernimmt und maßgeschneiderte Produktangebote für jeden Kunden erstellen kann (siehe Abbildung 10-1).

Während sie mit ihrer Kundschaft telefonieren, verwenden die B2B-Nutzer von MarketCloud gelegentlich die Cloud-basierte Variante von SalesCore. Dadurch können sie ihre Verkaufsstrategie anpassen, indem sie die vergangenen Interaktionen mit den Kunden sowie die von SalesCore vorgeschlagenen Produktangebote und Rabatte angezeigt bekommen.

MarketCloud ist ein mittelgroßes Unternehmen mit einem Jahresumsatz von rund 200 Millionen Dollar und ein paar Tausend Mitarbeitern. Zu den B2B-Kunden zählen beispielsweise Vertriebsmitarbeiter von Brauereien und auch Mitarbeiter von Telekommunikationsunternehmen.

MarketCloud beabsichtigt, den Verkäufern, die versuchen, Produkte an Kunden zu verkaufen, automatisch Produktvorschläge auf SalesCore anzuzeigen. Die Vorschläge würden auf der Grundlage der jeweiligen Kundeninformationen und ihrer vergangenen aufgezeichneten Interaktionen mit dem Verkäufer gemacht werden. Die Vorschläge würden also für jeden Kunden individuell angepasst werden. Mit anderen Worten: SalesCore soll auf einem Empfehlungssystem basieren, das sowohl in einem Pull- (eingehende Anrufe) als auch in einem Push-Kontext (ausgehende Anrufe) verwendet werden kann. Vertriebsmitarbeiter, die das Programm nutzen würden, könnten die vorgeschlagenen Produkte dann in ihre Verkaufsstrategie einbeziehen, während sie mit ihren Kunden telefonieren.

Abbildung 10-1: Schematische Darstellung der SalesCore-Plattform, der Geschäftsgrundlage des fiktiven Unternehmens, auf dem das Beispiel in diesem Abschnitt basiert

Um dieses Vorhaben umzusetzen, muss MarketCloud ein Empfehlungssystem entwickeln und in die SalesCore-Plattform einbetten, was aus Sicht des Trainings und des Deployments des Modells einige Herausforderungen mit sich bringt. In diesem Abschnitt stellen wir zunächst die Herausforderungen vor, um im nächsten Abschnitt MLOps-Strategien aufzuzeigen, mit denen das Unternehmen jede dieser Herausforderungen bewältigen kann.

Skalierbarkeit und Anpassungsmöglichkeiten

Das Geschäftsmodell von MarketCloud (Verkauf von Softwareanwendungen an verschiedene Unternehmen, um diese beim Verkauf ihrer eigenen Produkte zu unterstützen) stellt eine interessante Situation dar: Jedes Unternehmen hat seinen eigenen Datensatz, in erster Linie über seine Produkte und seine Kunden, und keines möchte diese Daten mit anderen Unternehmen teilen.

Wenn MarketCloud etwa 4.000 B2B-Kunden hat, die SalesCore nutzen, bedeutet dies, dass statt eines universellen Empfehlungssystems für alle B2B-Kunden 4.000 verschiedene Systeme erstellt werden müssten. MarketCloud muss einen Weg finden, 4.000 Empfehlungssysteme so effizient wie möglich zu erstellen, da es keine Möglichkeit gibt, derart viele Systeme jeweils einzeln aufzubauen.

Monitoring- und Retraining-Strategie

Jedes der 4.000 Empfehlungssysteme würde auf den Kundendaten des jeweiligen Auftraggebers trainiert werden. Daher würde jedes von ihnen ein anderes Modell darstellen, eine andere Güte aufweisen und es für das Unternehmen nahezu unmöglich machen, alle 4.000 individuell im Auge zu behalten. Zum Beispiel könnte das Empfehlungssystem für B2B-Kunde A in der Getränkeindustrie durchweg passende Produktvorschläge machen, während das System für B2B-Kunde B in der Telekommunikationsbranche nur selten die richtigen Vorschläge liefert. MarketCloud musste einen Weg finden, um das Monitoring und die anschließende Aktualisierung der Modelle (Retraining) zu automatisieren, falls die Leistung nachlassen würde.

Auswertung der Anfragen in Echtzeit (Real-Time-Scoring)

In zahlreichen Fällen nutzen die Kunden von MarketCloud SalesCore, wenn sie mit ihren Kunden telefonieren.

Stellen Sie sich zum Beispiel vor, Sie als Verkäufer führten ein Gespräch mit einem Kunden, um Telekommunikationseinrichtungen zu verkaufen. Der Kunde beschreibt Ihnen, wie sein Büro aussieht und wie es um die vorhandene Infrastruktur im Büro steht – ob z.B. ein Glasfaseranschluss vorhanden ist, die Art des Wi-Fi-Netzwerks und so weiter. Nachdem Sie diese Informationen in SalesCore eingegeben haben, möchten Sie, dass die Plattform Ihnen Vorschläge für die Produkte macht, die Ihr Kunde möglicherweise kaufen könnte. Diese Antwort der Plattform muss in Echtzeit erfolgen und nicht zehn Minuten nach dem Gespräch oder am nächsten Tag.

Möglichkeit, das Empfehlungssystem ein- oder auszuschalten

Die Grundsätze der Responsible AI sehen vor, dass es wichtig ist, den Menschen einzubinden. Dies kann durch ein Human-in-Command-Design geschehen,[1] das es ermöglichen sollte, die KI *nicht* zu nutzen. Darüber hinaus wird die Akzeptanz wahrscheinlich gering sein, wenn die Nutzer die Empfehlungen der KI nicht außer Kraft setzen können. Einige B2B-Kunden legen Wert darauf, ihrer eigenen Intuition zu folgen bei der Entscheidung, welche Produkte sie ihren Kunden empfehlen. Aus diesem Grund möchte MarketCloud seinen Kunden die volle Kontrolle geben, um das Empfehlungssystem ein- oder auszuschalten, damit die Kunden die Empfehlungen nutzen können, wann sie möchten.

Aufbau der Pipeline und Deployment-Strategie

Um 4.000 Empfehlungssysteme effizient betreiben zu können, beschloss MarketCloud, eine Datenpipeline als Prototyp zu erstellen und diese 4.000 Mal zu duplizieren. Diese Prototyp-Pipeline besteht aus den notwendigen Datenvorverarbeitungsschritten und einem einzigen Empfehlungssystem, das auf einem Beispieldatensatz

1 Für eine Erläuterung zum Thema »Human-in-Command-Design« siehe Karen Yeung, »Responsibility and AI« (Council of Europe Study, DGI(2019)05), 64, Fußnote 229 (*https://oreil.ly/p5hJR*).

aufgebaut ist. Die Algorithmen, die in den Empfehlungssystemen verwendet werden, sind in allen 4.000 Pipelines die gleichen, aber sie werden mit den spezifischen Daten trainiert, die mit dem jeweiligen B2B-Kunden verbunden sind (siehe Abbildung 10-2).

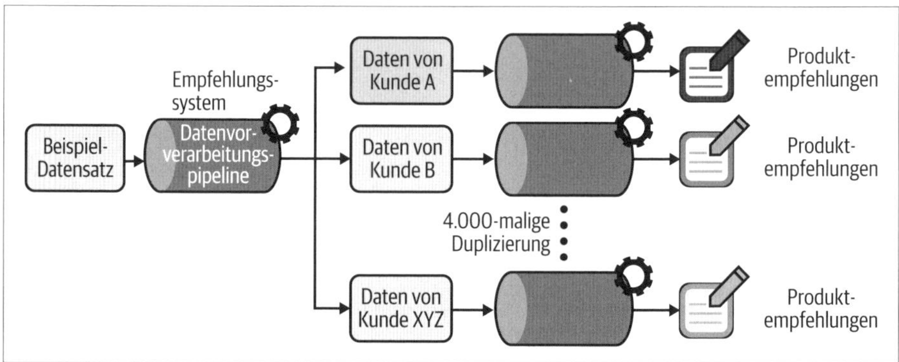

Abbildung 10-2: Darstellung des Aufbaus der Datenpipeline für das MarketCloud-Projekt zur Entwicklung von Empfehlungssystemen

Auf diese Weise kann MarketCloud 4.000 Empfehlungssysteme effizient in Betrieb nehmen. Dabei bleibt den Anwendern immer noch ein gewisser Spielraum für Anpassungen, da das System mit ihren eigenen Daten trainiert wird und jeder Algorithmus mit unterschiedlichen Parametern arbeitet – also an die Kunden- und Produktdaten jedes B2B-Kunden angepasst wird.

Die Skalierung einer einzelnen Pipeline auf 4.000 Pipelines wird durch das universelle Schema des Datensatzes ermöglicht. Wenn der Datensatz von Kunde A 100 Spalten aufweist, während Kunde B nur 50 hat, oder wenn die Spalte »Anzahl der gekauften Artikel« von Kunde A eine Ganzzahl ist, während die gleiche Spalte von Kunde B als Zeichenkette formatiert ist, müssten sie unterschiedliche Vorverarbeitungspipelines durchlaufen.

Obwohl jeder B2B-Kunde unterschiedliche Kunden- und Produktdaten hat, erhält er zu dem Zeitpunkt, an dem diese Daten auf SalesCore registriert werden, die gleiche Anzahl von Spalten und die gleichen Datentypen für jede Spalte. Das macht die Sache einfacher, denn MarketCloud muss auf diese Weise lediglich eine einzige Pipeline 4.000 Mal duplizieren.

Jedes Empfehlungssystem, das in die 4.000 Pipelines eingebettet ist, wird über unterschiedliche API-Endpunkte verfügen. Oberflächlich betrachtet, sieht es so aus, dass SalesCore eine Liste mit den vorgeschlagenen Produkten anzeigt, wenn ein Benutzer auf die Schaltfläche *Produktempfehlungen anzeigen* klickt. In Wirklichkeit greift der Benutzer dadurch, dass er auf die Schaltfläche klickt, im Hintergrund auf den spezifischen API-Endpunkt zu, der mit den nach Rangfolge sortierten Produktlisten für den spezifischen Kunden verbunden ist.

Monitoring und Feedback

Die Wartung von 4.000 Empfehlungssystemen ist keine leichte Aufgabe, und obwohl bis zu diesem Punkt bereits viele Überlegungen zur Ausgestaltung der MLOps-Strategie angesprochen wurden, ist dies vielleicht der komplexeste Teil. Die Qualität eines jeden Systems muss überwacht und das jeweilige System bei Bedarf aktualisiert werden. Um diese Monitoring-Strategie in großem Stil zu betreiben, kann MarketCloud den Ablauf für die Aktualisierung der Modelle (Retraining) automatisieren.

Modelle neu trainieren (Retraining)

Einige der Softwarenutzer gewinnen neue Kunden, bei anderen wechseln die Kunden den Anbieter, hin und wieder werden neue Produkte in die Kataloge auf- oder welche herausgenommen – unterm Strich ändern sich die Kunden- und Produktdaten ständig, und die Empfehlungssysteme müssen die neuesten Daten berücksichtigen. Nur so können sie die Qualität der Empfehlungen aufrechterhalten und – was noch wichtiger ist – Situationen wie die Empfehlung eines Wi-Fi-Routers, der veraltet ist und nicht mehr unterstützt wird, vermeiden.

Um die neuesten Daten abbilden zu können, könnte das Team ein Skript programmieren, das die Datenbank automatisch mit den neuesten Kunden- und Produktdaten aktualisiert und das Modell jeden Tag um Mitternacht mit den neuesten Datensätzen neu trainiert. Dieser automatisierte Prozess könnte dann in allen 4.000 Datenpipelines implementiert werden.

Die Häufigkeit, mit der ein Modell neu trainiert wird, kann je nach Anwendungsfall unterschiedlich ausfallen. Dank des hohen Automatisierungsgrads ist in diesem Fall ein allabendliches Retraining möglich. In anderen Kontexten könnte es durch verschiedene Ereignisse ausgelöst werden (z.B. Verfügbarkeit neuer bedeutsamer Informationen oder Veränderungen im Kundenverhalten, sei es unregelmäßig oder saisonal).

Außerdem muss die Verzögerung zwischen der Empfehlung und dem Zeitpunkt, an dem ihre Wirksamkeit beurteilt wird, berücksichtigt werden. Kann der Effekt erst mit einer Verzögerung von mehreren Monaten ermittelt werden, ist es unwahrscheinlich, dass es angebracht ist, das Modell täglich neu zu trainieren. Wenn sich das Verhalten nämlich so schnell ändert, dass eine tägliche Aktualisierung erforderlich ist, dann ist das Modell wahrscheinlich völlig veraltet, wenn es mehrere Monate, nachdem die letzten Empfehlungen in die Trainingsdaten aufgenommen wurden, verwendet wird.

Modelle aktualisieren

Ein weiteres wesentliches Merkmal von Automatisierungsstrategien im größeren Stil ist die Aktualisierung von Modellen. In diesem Fall müssen für jede der 4.000

Pipelines die neu trainierten Modelle mit den vorhandenen Modellen verglichen werden. Ihre Genauigkeit kann anhand von Qualitätsmaßen wie dem RMSE (*Root Mean Square Error*, die Wurzel der mittleren Fehlerquadratsumme) verglichen werden, und nur wenn die Genauigkeit des neu trainierten Modells die des vorherigen übertrifft, wird das neu trainierte Modell in SalesCore bereitgestellt.

Über Nacht laufen und tagsüber ruhen lassen

Obwohl das Modell jeden Tag neu trainiert wird, interagiert der B2B-Kunde nicht direkt mit dem Modell. Mithilfe des aktualisierten Modells berechnet die Plattform die Rangliste der Produkte für sämtliche Kunden über Nacht. Wenn ein Kunde am nächsten Tag auf die Schaltfläche *Produktempfehlungen anzeigen* klickt, fragt die Plattform einfach die Identifikationsnummer des jeweiligen Kunden ab und gibt die Rangliste der Produkte für den spezifischen Kunden zurück.

Für den Kunden sieht es so aus, als würde das Empfehlungssystem in Echtzeit laufen. In Wirklichkeit wird jedoch alles bereits über Nacht vorbereitet, und das System ruht tagsüber. Dadurch ist es möglich, Empfehlungen sofort und ohne jegliche Ausfallzeit zu erhalten.

Möglichkeiten zur manuellen Anpassung von Modellen

Obwohl das Monitoring, das Retraining und die Aktualisierung der Modelle vollständig automatisiert sind, lässt MarketCloud seinen Kunden dennoch die Möglichkeit, die Modelle zu aktivieren bzw. zu deaktivieren. Genauer gesagt, erlaubt MarketCloud seinen Nutzern, zwischen drei Auswahlmöglichkeiten zu wählen, um mit dem Modell zu interagieren:

- Aktivieren, um Empfehlungen auf Basis des aktuellsten Datensatzes zu erhalten.
- Einfrieren (Freeze-Mechanismus), um ein erneutes Training mit neuen Daten zu unterbinden, aber dennoch das gleiche Modell weiterzuverwenden.
- Deaktivieren, um die Empfehlungsfunktion in SalesCore komplett abzuschalten.

ML-Algorithmen versuchen, Erfahrungswissen in sinnvolle Modelle zu überführen, um gewisse Verarbeitungsaufgaben zu automatisieren. Es hat sich jedoch als gute Praxis erwiesen, den Anwendern die Möglichkeit einzuräumen, sich auf ihr Domänenwissen zu verlassen, da man davon ausgehen kann, dass sie weitaus besser in der Lage sind, alltägliche betriebliche prozessspezifische Probleme zu identifizieren, zu beschreiben und zu durchdringen.

Die zweite Auswahlmöglichkeit ist deshalb wichtig, da sie dem Benutzer ermöglicht, die aktuelle Qualität der Empfehlungen beizubehalten, ohne dass das Empfehlungssystem mit neueren Daten aktualisiert werden muss. Ob das aktuelle Modell durch ein neu trainiertes ersetzt wird, hängt von der statistischen Bewertung auf Basis von Qualitätsmaßen wie dem RMSE ab. Wenn die Benutzer jedoch das Gefühl haben, dass die Produktempfehlungen auf SalesCore bereits erfolgreich zur Förderung des Verkaufs beitragen, haben sie die Möglichkeit, keine Qualitätsänderung bei den Empfehlungen zu riskieren.

Möglichkeit der automatischen Verwaltung von Modellversionen

Für diejenigen, die die Modelle nicht manuell verwalten möchten, könnte die Plattform auch A/B-Tests vorschlagen, sodass die Auswirkungen neuer Versionen erst getestet werden, bevor vollständig auf sie umgestellt wird. Zu diesem Zweck werden Algorithmen wie der Multi-Armed-Bandit-Algorithmus verwendet (das ist ein Algorithmus, der einem Benutzer ermöglicht, seinen Gewinn zu maximieren, wenn er mehreren Spielautomaten gegenübersteht mit jeweils unterschiedlicher Gewinnwahrscheinlichkeit und einem anderen Erwartungswert hinsichtlich des im Durchschnitt zurückgegebenen Geldbetrags).

Nehmen wir an, dass mehrere Modellversionen verfügbar sind, wobei das Ziel darin liegt, die effizienteste zu verwenden. Um das zu erreichen, muss der Algorithmus natürlich erst lernen, welche die effizienteste ist. Deshalb arbeitet er zweigleisig: Manchmal probiert er Versionen aus, die vielleicht nicht die effizientesten sind, um zu lernen, ob sie effizient sind (*Exploration*), und manchmal verwendet er die Version, die wahrscheinlich die effizienteste ist, um die Einnahmen zu maximieren (*Exploitation*). Außerdem vergisst er zurückliegende Informationen, da der Algorithmus davon ausgeht, dass der heute effizienteste möglicherweise nicht der effizienteste von morgen ist.

Die anspruchsvollste Möglichkeit besteht darin, verschiedene Modelle unter Zugrundelegung verschiedener Qualitätsmaße bzw. KPIs (Klick, Kauf, erwarteter Umsatz usw.) zu trainieren. Ein an Ensemble-Modellen angelehnter Ansatz würde es dann ermöglichen, etwaige Widersprüche zwischen den Modellen zu berücksichtigen.

Die Qualität des Modells überwachen

Wenn ein Vertriebsmitarbeiter einem seiner Kunden vorschlägt, die von SalesCore empfohlenen Produkte zu kaufen, wird die Interaktion des Kunden mit den empfohlenen Produkten sowie die Information, ob der Kunde sie gekauft hat oder nicht, gespeichert. Diese Daten können dann verwendet werden, um die Qualität des Empfehlungssystems im Auge zu behalten. Dazu wird der Kunden- und Produktdatensatz mit diesen Daten überschrieben bzw. um diese ergänzt, um dem Modell die aktuellsten Informationen zur Verfügung zu stellen, wenn es neu trainiert wird.

Da die tatsächlichen bzw. wahren Werte (d.h. die Kundenreaktionen) gespeichert werden, können dem Benutzer Dashboards angezeigt werden, die ihm Aufschluss über die Qualität des Modells geben, insbesondere durch einen Vergleich auf Basis von A/B-Tests. Da die wahren Werte schnell erhoben sind, ist die Überwachung der Daten-Drift sekundär. In jeder Nacht wird eine neue Version des Modells trainiert, aber dank des Freeze-Mechanismus kann der Benutzer die jeweils aktive Version basierend auf den quantitativen Informationen auswählen. Es ist durchaus üblich, den Benutzer bei solch wichtigen Entscheidungen, bei denen die Leistungskennzahlen nur schwer den gesamten Kontext der Entscheidung erfassen können, mit einzubeziehen.

Bei A/B-Tests ist es wichtig, dass jeweils nur ein Experiment mit einer Gruppe von B2B-Kunden durchgeführt wird, da die Effekte von miteinander verknüpften Strategien nicht einfach aufsummiert werden können. Mit solchen Überlegungen im Hinterkopf ist es möglich, eine vernünftige Referenz (Baseline) zu erhalten, um eine kontrafaktische Analyse durchführen zu können und den erhöhten Umsatz und/oder die geringere Abwanderung in Verbindung mit einer neuen Strategie abzuschätzen.

Abgesehen davon kann MarketCloud die Leistung des Algorithmus auch auf übergeordneter Ebene überwachen, indem es prüft, wie viele B2B-Kunden die Empfehlungssysteme eingefroren oder deaktiviert haben. Wenn viele Kunden das Empfehlungssystem deaktiviert haben, ist das ein starker Indiz dafür, dass sie mit der Qualität der Empfehlungen nicht zufrieden sind.

Abschließende Überlegungen

Der vorgestellte Anwendungsfall ist insofern besonders, als dass MarketCloud eine Verkaufsplattform bietet, die von vielen anderen Unternehmen zum Verkauf von Produkten genutzt wird. Das Eigentum an den Daten verbleibt dabei bei den jeweiligen Unternehmen, und die Daten können nicht unternehmensübergreifend genutzt werden. Dies bringt eine anspruchsvolle Sachlage mit sich, in der MarketCloud unterschiedliche Empfehlungssysteme für jeden seiner B2B-Kunden erstellen muss, anstatt alle Daten zu bündeln und ein universelles Empfehlungssystem aufzubauen.

MarketCloud schafft es, diese Hürde zu überwinden, indem es eine einzige Pipeline erstellt, in die die Daten von vielen verschiedenen Unternehmen eingespeist werden können. Da die Daten, mit denen die einzelnen Empfehlungssysteme trainiert werden, automatisch eingespeist werden, kann MarketCloud viele Empfehlungssysteme in Betrieb bringen, die jeweils auf verschiedenen Datensätzen trainiert wurden. Festzuhalten bleibt, dass letztlich die entsprechenden MLOps-Prozesse dafür verantwortlich sind, dass das Unternehmen dies in der gezeigten Größenordnung umsetzen kann.

Obwohl dieser Anwendungsfall in fiktiver Weise beschrieben wurde, basiert er auf realen Gegebenheiten. Das Team, das ein vergleichbares Projekt in Angriff nahm, brauchte etwa drei Monate, um es fertigzustellen. Dabei verwendete es eine Data-Science- und Machine-Learning-Plattform, um eine einzige Pipeline 4.000 Mal zu duplizieren, diese zu orchestrieren und die zugrunde liegenden Prozesse zu automatisieren, um die entsprechenden Datensätze in jede Pipeline einzuspeisen und die Modelle zu trainieren. Es nahm zwangsläufig Kompromisse hinsichtlich der Qualität der Empfehlungen und der Skalierbarkeit in Kauf, um das Produkt in effizienter Weise einführen zu können. Hätte das Team stattdessen jeweils ein maßgeschneidertes Empfehlungssystem für jede der 4.000 Pipelines entwickelt, indem es z.B. den besten Algorithmus für jeden B2B-Kunden ausgewählt hätte, wären die Empfehlungen zwar von höherer Qualität gewesen, aber das Projekt hätte mit einem so kleinen Team niemals in so kurzer Zeit zum Abschluss gebracht werden können.

KAPITEL 11

MLOps in der Praxis: die Verbrauchsprognose am Beispiel der Lastprognose

Nicolas Omont

Beim Betrieb eines Stromnetzes spielen Prognosen auf verschiedenen zeitlichen und geografischen Ebenen eine wichtige Rolle. Sie ermöglichen es, potenzielle zukünftige Zustände des Systems zu simulieren, und gewährleisten, dass es sicher betrieben werden kann. In diesem Kapitel wird der Lebenszyklus eines Machine-Learning-Modells und ein MLOps-Anwendungsfall zur Vorhersage des Verbrauchs vorgestellt, wozu auch geschäftliche Überlegungen, Datenerfassung und Entscheidungen hinsichtlich der Umsetzung gehören. Obwohl sich dieses Kapitel speziell auf Stromnetze konzentriert, können die Überlegungen und Besonderheiten des Anwendungsfalls auch auf andere industrielle Fälle verallgemeinert werden, die Verbrauchsprognosen erfordern.

Stromversorgungssysteme

Stromversorgungssysteme sind das Rückgrat der Stromnetze. Sie werden auch Übertragungsnetze genannt und bilden das Herzstück des Systems, das unsere Lichter leuchten lässt. Diese Systeme bestehen hauptsächlich aus Leitungen und Transformatoren, die indirekt mit den meisten Erzeugern und Verbrauchern über Verteilernetze verbunden sind, die sich um die letzten Kilometer der Übertragung kümmern. Wie in Abbildung 11-1 dargestellt, sind nur die größten Erzeuger und Verbraucher direkt an das Versorgungssystem angeschlossen.

Je länger die Übertragungsstrecke und je größer die zu übertragende Strommenge, desto höher ist die verwendete Spannung: am unteren Ende einige Dutzend Kilovolt für einige Dutzend Megawatt über einige Dutzend Kilometer, am oberen Ende eine Million Volt für ein paar Tausend Megawatt über ein paar Tausend Kilometer. (Eine Leitung mit einer Leistung von einem Megawatt kann in Europa etwa 1.000 Einwohner mit Strom versorgen.) Der Betrieb von Übertragungssystemen hat aufgrund seiner Eigenschaften schon immer viel an Kommunikations- und Berechnungsaufwand erfordert:

Keine Stromspeicherung
: Das Netz speichert lediglich eine unbedeutende Menge an Strom – und zwar weniger als eine Sekunde des Verbrauchs im Netz und bis zu 30 Sekunden in den Generatoren und Motoren. Im Gegensatz dazu speichert ein Gasnetz mehrere Stunden des Verbrauchs in seiner Leitung. Daher müssen sehr schnell Maßnahmen ergriffen werden, um die Erzeugung und den Verbrauch auszugleichen und Stromausfälle zu vermeiden.

Geringe Möglichkeiten zur Steuerung des Stromflusses
: In Telekommunikationsnetzen werden Überlastungen dadurch behoben, dass Pakete ausgesetzt oder Verbindungen nicht aufgebaut werden. In Stromnetzen gibt es keinen vergleichbaren Mechanismus. Das bedeutet wiederum, dass der Stromfluss auf einem Netzelement höher sein kann als seine eigentliche Betriebsgrenze. Je nach Technologie und Schweregrad müssen bereits nach wenigen Sekunden bzw. spätestens nach wenigen Stunden der Überlast Maßnahmen ergriffen werden. Zwar gibt es Technologien, die den Stromfluss steuern können, allerdings besteht dabei ein Zielkonflikt zwischen der Regelung des Stromflusses und dem sofortigen Ausgleich: Der Strom muss seinen Weg von der Quelle der Stromgewinnung zum Verbraucher finden.

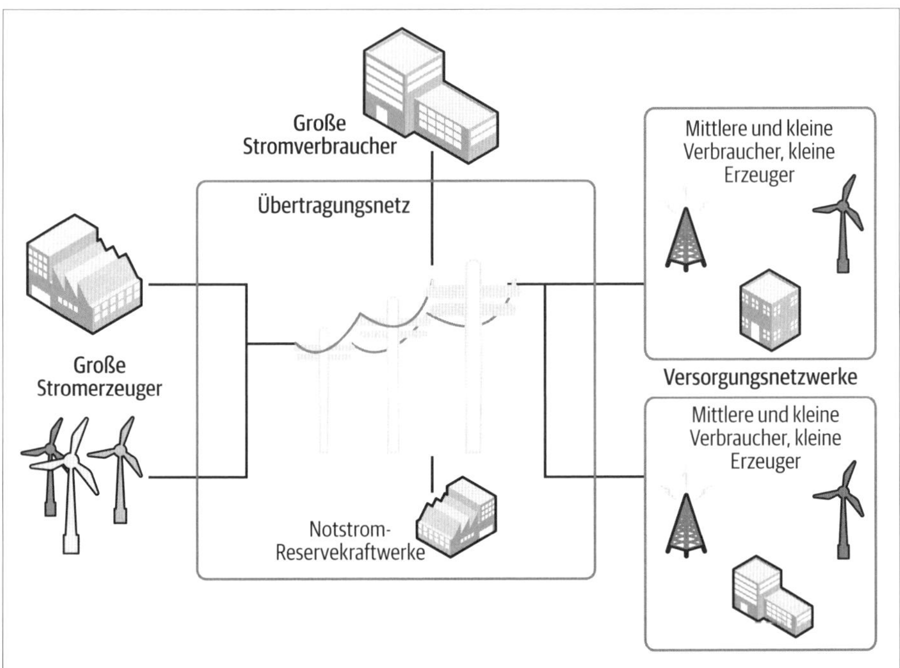

Abbildung 11-1: Ein beispielhaftes Stromversorgungssystem, an das nur die größten Erzeuger und Verbraucher direkt angeschlossen sind

Aufgrund dieser beiden Eigenschaften muss der Netzbetreiber immer alle Eventualitäten antizipieren: Wenn ein Netzelement ausfällt, bleibt dann die Überlast auf den anderen Elementen akzeptabel? Die Vorausplanung geschieht über mehrere Zeiträume, angefangen bei den nächsten fünf Minuten bis hin zu den kommenden fünf Jahrzehnten. Die zu ergreifenden Maßnahmen hängen jeweils vom Zeithorizont ab, zum Beispiel:

- Unter fünf Minuten: Kein menschlicher Eingriff ist möglich. Automatische Maßnahmen sollten bereits wohldefiniert sein.
- Zwischen fünf Minuten und ein paar Stunden im Voraus: Anpassen des Produktionszeitplans und der Netztopologie (Inbetriebnahme von Schutzschaltern und anderen Technologien zur Regelung des Stromflusses).
- Ein paar Tage im Voraus: Anpassen des Wartungsplans.
- Ein paar Jahre im Voraus: Anpassen des Wartungsplans, der Verträge mit Erzeugern oder Verbrauchern zur Gewährleistung der Stromkapazität bzw. zur Begrenzung der Stromerzeugung oder des -verbrauchs.
- 5 bis 50 Jahre im Voraus: In Netzelemente investieren. Leitungen und Transformatoren haben standardmäßig eine Lebenserwartung von mehreren Jahrzehnten; tatsächlich ist zu erwarten, dass einige Netzelemente über 100 Jahre halten.

Des Weiteren ist es problematisch, den Zustand des Stromnetzes für verschiedene geografische Ebenen zu antizipieren. Während einige Eventualitäten nur Auswirkungen auf einen kleinen Teil des Netzes haben, können andere eine Auswirkung auf den gesamten Kontinent haben und koordinierte Maßnahmen zwischen mehreren Ländern erfordern, um ihre Auswirkungen zu mildern. Daher erfordert der Betrieb des Netzes Folgendes:

1. Erfassen von Daten über einen großen geografischen Radius mit starker zeitlicher Begrenzung.
2. Verarbeiten von Daten, um prognostizieren zu können und angemessen zu handeln.

Datenerhebung

Die Erhebung von Vergangenheitsdaten ist der erste Schritt zur Erstellung von Prognosen. Es gibt zwei weitgehend unabhängige Datenquellen: das SCADA-System (*Supervisory Control and Data Acquisition*) und das Metering-System. Je nach Anwendungsfall kann die eine oder die andere verwendet werden.

Das SCADA-System sammelt Daten in Echtzeit, um den Betreibern einen aktuellen Überblick über das System zu geben. Es ermöglicht auch, Befehle an die Netzwerkgeräte zu senden – zum Beispiel zum Öffnen und Schließen eines Schalters. Die eindrucksvollste Darstellung des Systems ist sicherlich der Übersichtsmonitor, der in den meisten Kontrollräumen zu finden ist, wie in Abbildung 11-2 dargestellt.

Abbildung 11-2: Das SCADA-System aktualisiert in der Regel alle zehn Sekunden oder weniger Tausende von Messungen von Stromfluss, Verbrauch und Erzeugung im Netz.

Einige Messungen sind absichtlich redundant, wie z. B. die Messung des Stromverlusts. Wenn der Stromfluss an jedem Ende einer Leitung gemessen wird, entspricht die Differenz zwischen ihnen dem Verlust auf der entsprechenden Leitung. Diese Verluste können physikalisch geschätzt werden, sodass es – auch für den Fall, dass eine Messung fehlt – möglich ist, Anomalien zu erkennen oder die Genauigkeit der Schätzungen zu verbessern.

Der Vorgang, bei dem diese redundante Information genutzt wird, um den Zustand des Netzes zu ermitteln, wird als Zustandsschätzung bezeichnet und alle paar Minuten wiederholt. Wenn ein Grenzwert nicht eingehalten wird, löst das SCADA-System einen Alarm aus. Das SCADA-System kann jedoch keinen Alarm auslösen, wenn ein bestimmter Grenzwert nicht eingehalten wird, weil eines der Netzelemente ausgefallen ist.

Simulationen von Netzelementverlusten (N-1-Simulation) auf Basis des konsistenten Zustands, der durch die Zustandsschätzung erzeugt wird, werden regelmäßig durchgeführt, daher verblasst der Wert der SCADA-Daten schnell. Deshalb werden sie im Rahmen der Historisierung nicht konsolidiert. Fehlende Werte werden in der Regel nicht nachgetragen und Anomalien normalerweise nicht korrigiert. Zustandsschätzungen werden von einer Vielzahl von Prozessen verwendet, sodass sie in der Regel über einige Monate bis einige Jahre historisiert werden.

Das Metering-System, das für die Abrechnung verwendet wird, muss nicht so reaktionsschnell sein wie das SCADA-System, sollte aber dennoch akkurat arbeiten. Es konzentriert sich auf die Stromerzeugung und den Verbrauch, nicht auf den Stromfluss. Anstatt die aktuelle Leistung zu überwachen, zeichnet es den entnommenen bzw. eingespeisten Strom über einen Zeitraum auf, der zwischen einigen Minuten und einer Stunde liegt.

Die gesammelten Informationen wurden früher mit einer Verzögerung von rund einem Tag oder mehr zur Verfügung gestellt. Neueren Systemen gelingt das innerhalb weniger Minuten. Bei fehlenden Messungen oder Anomalien ist es jedoch normalerweise notwendig, die Daten zu konsolidieren und zu validieren, sodass die endgültigen Daten in der Regel immer noch innerhalb weniger Arbeitstage verfügbar sind. Diese Daten sind vergleichsweise gut historisiert.

Vom Anwendungsfall abhängig: Machine Learning verwenden oder nicht?

Der Einsatz von Machine Learning erweist sich nicht bei allen Anwendungsfällen als sinnvoll. Einige Anwendungen können auf andere Weise einfacher und auch kostengünstiger gelöst werden. Die Methoden, die zur Erstellung von Prognosen für den hier vorgestellten Anwendungsfall genutzt werden, sind in den drei in Tabelle 11-1 skizzierten Situationen üblicherweise unterschiedlich.

Tabelle 11-1: Prognoseverfahren nach Anwendungsfall

Anwendungsfall	Prognoseverfahren
Die Unsicherheit bei der Vorhersage rührt von einem Teil des Systems her, den der Betreiber nicht ändern kann.	Das Wetter zu verändern, ist praktisch unmöglich. Daher können sowohl die Stromerzeugung aus Wind- und Fotovoltaikanlagen als auch der Verbrauch durch Heizungen und Klimaanlagen sicherlich als exogen betrachtet werden. Das macht sie zu geeigneten Kandidaten für Prognosen, die Machine Learning nutzen. Diese Prognosen können je nach Vorhersagehorizont Wettervorhersagen oder klimatische Simulationen nutzen. Verlässliche Wettervorhersagen sind nur für wenige Tage im Voraus verfügbar, auch wenn es inzwischen einige Modelle gibt, die den Trend über einige Monate vorhersagen.
Die Unsicherheit bei der Vorhersage resultiert aus einem Teil des Systems, den der Betreiber in irgendeiner Weise beeinflussen kann.	Beispielsweise sollte streng genommen nicht der Verbrauch, sondern die Nachfrage vorhergesagt werden. Der Unterschied zwischen Verbrauch und Nachfrage ist, dass der Verbrauch gewissermaßen in der Hand des Betreibers liegt, der sich dazu entschließen kann, die Nachfrage nicht zu bedienen, indem er die Verbraucher vom Netz nimmt. Aus demselben Grund wird auch das Potenzial der Stromerzeugung aus Wind- und Fotovoltaikanlagen prognostiziert und nicht die tatsächliche Stromerzeugung.
Die Unsicherheit bei der Vorhersage rührt von einem Teil des Systems her, den einige andere Akteure steuern und antizipieren können.	Beispielsweise ist es bei zuschaltbaren Kraftwerksblöcken, die der jeweilige Betreiber ein- oder ausschalten kann, besser, die Einsatzpläne von diesem Betreiber anzufordern, anstatt eine Vorhersage zu treffen. Wenn das nicht möglich ist, kann es besser sein, die Art und Weise nachzubilden, wie die Zeitpläne erstellt werden – z. B. könnte ein Betreiber seine Anlage hochfahren, wenn der Strompreis höher ist als die Brennstoffkosten der Anlage. In solchen Fällen kann man zur Vorhersage auf Techniken wie die agentenbasierte Modellierung zurückgreifen. Große Anlagen werden wahrscheinlich Verbrauchspläne haben, die auf ihren betrieblichen Produktionsplänen basieren. Auch die Topologie des Verteilungsnetzes wird wahrscheinlich im Voraus geplant, da Wartungsarbeiten eine Vorausplanung erfordern. In all diesen Fällen ist es oft besser, nach den Einsatzplänen zu fragen, als sie mithilfe von Machine Learning vorherzusagen.

Räumliche und zeitliche Differenzierung

Aufgrund des Gesetzes der großen Zahlen nimmt die Unsicherheit bei der Prognose ab, wenn der Verbrauch räumlich oder zeitlich aggregiert betrachtet wird. Während es schwer ist, den stündlichen Verbrauch eines einzelnen Haushalts zu prognostizieren (da Menschen keine Maschinen sind), ist es für Bevölkerungsgruppen von einigen Millionen überraschend einfach. Selbst der monatliche Verbrauch einer solchen Bevölkerung lässt sich relativ leicht vorhersagen.

Infolgedessen ist ein Prognosesystem mit mehreren Prognoseebenen, die durch Nebenbedingungen miteinander verbunden sind, oft hierarchisch aufgebaut. Das heißt, dass sich regionale Vorhersagen zu den landesweiten Vorhersagen summieren sollten. Auch stündliche Vorhersagen sollten sich zur Tagesvorhersage aufsummieren.

Nehmen wir ein Beispiel, um dies zu verdeutlichen. Elektrische Triebzüge haben ein für Netzbetreiber problematisches Verbrauchsverhalten, da sie in Bewegung sind. Eine durchschnittliche Zugstrecke wird alle 10 bis 50 Kilometer von einem anderen Umspannwerk gespeist. Infolgedessen verzeichnet der Betreiber einen Verbrauch von einigen Megawatt, der etwa alle zehn Minuten von Umspannwerk zu Umspannwerk wechselt. Das bereitet dem Betreiber einige Schwierigkeiten:

- Bezogen auf die Strecke, die der Zug zurücklegt, ist die Prognose relativ einfach, weil der Zug ständig überall Strom verbraucht und weil Züge normalerweise zu festen Zeiten verkehren. Daher dürfte ein Ansatz auf Basis von Machine Learning funktionieren.
- Die Vorhersage des über einen längeren Zeitraum bezogenen Stroms an einem bestimmten Umspannwerk ist ebenfalls relativ einfach, da der Zug durch den entsprechenden Teil der Strecke fahren wird.
- Da der Betreiber aber wissen möchte, ob der Zug während des Verkehrs eine Überlast erzeugt, ist er auf konsistente Prognosen angewiesen:
  - Der Zug sollte zu jeder Zeit immer nur an einer Stelle Strom entziehen.
  - Jedes Umspannwerk sollte zu einem bestimmten Zeitpunkt eine Verbrauchsspitze aufweisen, sodass eine Datenerfassung in möglichst kurzen Zeitabständen erforderlich ist.

Folglich hängt die Lösung von der Zielsetzung ab, die mit der Prognose verfolgt wird:

- Für den täglichen Betrieb ist ein Ansatz, der den durchschnittlichen Stromverbrauch des Zugs auf alle Umspannwerke aufteilt, nicht tragbar, da potenzielle Überlastungen möglicherweise übersehen werden. Der Ansatz für das Worst-Case-Szenario, der den Stromverbrauch des Zugs allen Umspannwerken zuordnet, kann akzeptabler sein, obwohl er fehlerhafte Überlastungen vorhersieht, da der Gesamtverbrauch insgesamt zu hoch angesetzt sein wird.

- Um die Wartung einer der Leitungen, die die Region versorgen, zu planen, hat der genaue Ort des Verbrauchs jedoch wahrscheinlich keine Auswirkungen – vorausgesetzt, er wird nicht mehrfach gezählt.

Bei der Ausgestaltung des Prognosesystems wird man Kompromisse eingehen müssen, da es das perfekte System wahrscheinlich nicht gibt. Wenn das System hinsichtlich seiner Belastung über einen großen Spielraum verfügt, sind wenige oder keine Überlastungen zu erwarten, sodass das Prognosesystem relativ einfach gehalten werden kann. Wird das Netz jedoch nahe an seinen Kapazitätsgrenzen betrieben, muss das System sehr sorgfältig konzipiert werden.

Umsetzung

Sobald die Rohdaten entweder aus dem SCADA- oder dem Metering-System erhoben wurden, müssen sie in einer der Zielsetzung dienlichen Weise aufbereitet werden:

- Hinsichtlich der Zeitdimension zu aggregierende Daten, z.B. über einen Zeitraum von fünf Minuten: Es wird entweder der Durchschnittswert oder einer der oberen Quantilwerte erfasst. Der Durchschnittswert ist repräsentativ für den Stromverbrauch in diesem Zeitraum. Der obere Quantilwert ist nützlich, um zu beurteilen, ob häufig Engpässe aufgetreten sind.
- Aufschlüsselungen: Wenn nur die Ausspeisungen gemessen werden, müssen die Erzeugung und der Verbrauch getrennt voneinander geschätzt werden. Normalerweise ist der Verbrauch das, was nach Abzug der bestmöglichen Schätzung der dezentralen Stromerzeugung (Wind, Fotovoltaik usw.) übrig bleibt. Machine Learning kann bei derartigen Schätzungen hilfreich sein.
- Die Daten hinsichtlich der räumlichen Dimension aggregieren: Da das System eine ausgeglichene Bilanz aufweist, ist es möglich, den Verbrauch in einer Region zu berechnen, indem man die Differenz zwischen der Höhe der lokalen Stromerzeugung und der Höhe des (Netto-)Austauschs mit den benachbarten Regionen kalkuliert. Dieser Ansatz war in der Vergangenheit sehr nützlich, weil die Stromerzeugung leicht zu überschauen war, da es nur ein paar sehr große Stromerzeuger und einige wenige Leitungen zu den Nachbarländern gab. Heutzutage ist es tendenziell komplexer, da die Erzeugung zunehmend dezentralisierter ist.
- Fehlende Werte imputieren: Es kann vorkommen, dass ein Messwert fehlt. Im SCADA-System gibt es Regeln, um einen fehlenden Wert in Echtzeit durch einen älteren oder einen typischen Wert zu ersetzen. Im Metering-System ist eine Imputation fehlender Werte vorgesehen, die sich jedoch direkt auf der Rechnung des Kunden niederschlägt.

Die Daten werden dann in verschiedenen Datenbanken gespeichert. Die Daten, die in wichtigen kurzfristigen Prozessen zur Anwendung kommen, werden in hoch verfügbaren Systemen gespeichert, in denen aufgrund der Redundanz in der Datenbank eine schnelle Wiederherstellung beim Ausfall eines Rechenzentrums möglich ist. Daten, die in längerfristigen Prozessen (Rechnungsstellung, Berichte, ML-Modelltraining) verwendet werden, werden in gewöhnlichen Datenbanken gespeichert. Insgesamt wird die Anzahl der überwachten Netzelemente zwischen 1.000 und 100.000 liegen. Das bedeutet, dass sie – zumindest nach heutigen Maßstäben – eine handhabbare Menge an Daten verarbeiten. Auch die Skalierbarkeit stellt kein Problem dar, da die großen Stromversorgungsnetze in entwickelten Ländern nicht mehr wachsen.

Modellentwicklung

Wenn die Datenaufbereitung abgeschlossen ist, haben die Data Scientists typischerweise Zugriff auf ein paar Hundert Zeitreihen mit Daten zur Stromerzeugung und zum Stromverbrauch an verschiedenen Ausspeisepunkten des Netzes. Sie haben nun die Aufgabe, Modelle zu entwickeln, mit denen sie einige der Zeitreihen für verschiedene Zeithorizonte fortschreiben bzw. vorhersagen können. Dabei konzentrieren sie sich in der Regel auf das Stromerzeugungspotenzial von Windkraft sowie Fotovoltaik (und manchmal auch von Wasserkraft) und auf die Nachfrage. Während die Erzeugung durch Windkraft und Fotovoltaik vor allem von den Witterungsbedingungen abhängt, wird die Nachfrage vor allem durch wirtschaftliche Aktivitäten bestimmt, wobei diese aber teilweise auch von der Witterung abhängig ist (z.B. Heizen oder Kühlen).

Je nach Zeithorizont können die Modelle sehr unterschiedlich aussehen:

- Kurzfristig: Für kurzfristige Vorhersagen sind die letzten bekannten Werte ebenso wie Wettervorhersagen immens wichtig. Daher werden vor allem diese Informationen zur Modellierung genutzt. In diesem Fall sind deterministische Prognosemodelle sinnvoll.
- Mittelfristig: Für Vorhersagen über einen Zeitraum von einigen Tagen bis zu einigen Jahren ist die Wetterentwicklung zu ungewiss, die allgemeinen klimatischen Bedingungen jedoch nicht. Eine statistische Extrapolation der Vorjahrestrends kann sinnvoll sein, es sei denn, es kommt zu einer Wirtschaftskrise. Auf Grundlage dessen ist es möglich, verschiedene Szenarien zu skizzieren, um statistische Indikatoren (Mittelwert, Konfidenzintervalle, Quantile usw.) über den zukünftigen Verbrauch zu erhalten.
- Langfristig: Investitionsentscheidungen erfordern Prognosen über mehrere Jahrzehnte. Für diesen Zeithorizont reicht eine statistische Extrapolation des aktuellen Trends nicht aus, weder in Bezug auf die sozioökonomische Entwicklung noch auf die klimatische Entwicklung angesichts der globalen Erwärmung. Daher müssen statistische Ansätze durch verbrauchsorientierte Bottom-up-Ansätze und durch verschiedenartige Zukunftsszenarien, die Experten erstellen, ergänzt werden.

Machine Learning und MLOps kommen hauptsächlich bei kurz- und mittelfristigen Prognosen zum Tragen. Im vorliegenden Fall ist es einfacher, mit mittelfristigen zu beginnen: Das Ziel ist es, den Verbrauch für einen Zeitraum von einigen Jahren auf der Grundlage von folgenden Daten vorherzusagen:

- Kalendarische Daten mit einem besonderen Fokus auf zyklische Entwicklungen auf Tages-, Wochen- oder Jahresbasis. Neben der Sommerzeit haben auch Feiertage und Schulferien einen großen Einfluss.
- Meteorologische Variablen (Temperatur, Wind, Sonneneinstrahlung). Da Gebäude eine relativ große thermische Trägheit aufweisen, können Temperaturdaten mindestens der letzten zwei Tage bis zu drei Wochen erforderlich sein.

Zwar kann jede Art von ML-Algorithmus verwendet werden, doch ist es wichtig, die vorhergesagte Anpassungskurve zu glätten, da die Vorhersagen nicht einzeln verwendet werden, sondern als Tages-, Wochen- oder Jahresszenarien. Viele Algorithmen berücksichtigen die Glättung in ihren Metriken nicht, weil sie auf der Hypothese beruhen, dass die Daten unabhängig voneinander und identisch verteilt sind, was in unserem Fall nicht zutrifft, da der Verbrauch eines bestimmten Tags normalerweise mit dem des Vortags und dem der Vorwoche korreliert ist.

Verallgemeinerte additive Modelle (*Generalized Additive Models*, GAMs) stellen oft einen guten Ausgangspunkt dar, da sie auf Splines basieren, die eine Glättung gewährleisten. Tatsächlich war die Verbrauchsprognose einer der Anwendungsfälle, für die sie einst entwickelt wurden. Unter Berücksichtigung klimatischer Prognoseszenarien ist das ML-Modell dann in der Lage, verschiedene Szenarien für den jährlichen Verbrauch zu liefern.

Kurzfristige Prognosen sind gewöhnlich etwas komplexer. Die einfachste Vorgehensweise besteht darin, die Prognose des mittelfristigen Trends von den jüngsten historischen Daten abzuziehen und die resultierenden Residuen für standardmäßige Zeitreihenverfahren wie ARIMA (*Autoregressive Integrated Moving Average*) oder die exponentielle Glättung zu nutzen. Dies ermöglicht die Erstellung von Vorhersagen für mehrere Tage. Ein auf Daten von mehreren Jahren trainiertes integriertes kurzfristiges Modell hat möglicherweise sogar Vorteile gegenüber diesem einfachen Ansatz.

Zum Beispiel wird das mittelfristige Modell auf tatsächlichen Witterungsdaten und nicht auf Wettervorhersagen trainiert. Folglich misst es den Wettervorhersagen eine zu große Bedeutung bei, obwohl diese möglicherweise falsch sind. Ein auf Basis von Wettervorhersagen trainiertes kurzfristiges Modell würde dieses Problem beheben. Auch wenn neue Algorithmen, etwa neuronale Netze wie LSTMs (*Long Short-Term Memory*), vielversprechend sind, ist es schwierig, einen Ansatz zu finden, der es erlaubt, zu jeder Tageszeit für mehrere Zeithorizonte gleichzeitig auf konsistente Weise Prognosen zu erhalten.

Wenn die Differenzierung zu stark ist und die stochastische Komponente zu groß ausfällt, um sinnvolle Vorhersagen zu treffen, ist es besser, Zeitreihen räumlich oder zeitlich zu aggregieren und dann auf Heuristiken und nicht auf Machine Learning zurückzugreifen, um die aggregierten Vorhersagen aufzuschlüsseln:

- Im Fall einer räumlichen Aggregation einen gemeinsamen Verteilungsschlüssel, der auf vergangenen Beobachtungen basiert.
- Im Fall einer zeitlichen Aggregation ein durchschnittliches Verbrauchsmuster, das auf vergangenen Beobachtungen basiert.

Da sich das Netz ständig weiterentwickelt, ist es wahrscheinlich, dass sowohl neue Einspeisungen als auch Ausspeisungen hinzukommen, für die keine historischen Daten verfügbar sind. Es werden Brüche in den Verbrauchsmustern auftreten, sodass frühere Daten keine Relevanz mehr besitzen. Das Prognoseverfahren muss diese Randfälle berücksichtigen. Brüche können mithilfe von Anomalieerkennungsmethoden identifiziert werden. Sobald etwaige Brüche erkannt wurden, könnte ein vereinfachtes Modell so lange genutzt werden, bis genügend historische Daten verfügbar sind.

Auch hier könnten neuronale Netze eine attraktive Alternative darstellen, da lediglich ein Modell für alle Verbräuche trainiert werden muss, anstatt auf Basis herkömmlicher Verfahren jeweils nur ein Modell pro Verbrauch zu trainieren. In der Tat wäre mit nur einem Modell die Vorhersage eines Verbrauchs auch mit wenig vorhandenen historischen Daten möglich, vorausgesetzt, das Muster gleicht einem bestehenden Muster.

Deployment

Heutzutage werden die Modelle in der Regel von einem Data Scientist in R, Python oder MATLAB zunächst als Prototyp entwickelt. Zum Bau eines Prototyps ist es nötig, die Daten vorzubereiten, das Modell auf einem Datensatz zu trainieren und es auf einem anderen zu evaluieren. Der Weg zur Operationalisierung kann jedoch unterschiedlich aussehen:

- Der Prototyp wird vollständig neu programmiert. Dies ist kostspielig und nicht flexibel, kann jedoch notwendig sein, wenn es in ein System der *Operational Technology* (OT) eingebettet werden muss.
- Nur die Datenaufbereitung und das Scoring werden neu programmiert; das ermöglicht es, einen anderen Zeitplan für das Training vorzusehen. Es bietet sich an, das Modell etwa einmal im Jahr erneut zu trainieren, da es sich als gute Praxis erweist, regelmäßig eine Modellüberprüfung durchzuführen, um sicherzustellen, dass es gut funktioniert und die erforderlichen Kenntnisse zur Wartung vorhanden sind.
- Zur Operationalisierung des Prototyps können Data-Science- und Machine-Learning-Plattformen verwendet werden. Diese Plattformen sind flexibel und ermöglichen die Überführung von Prototypen in die Produktivumgebung, in der ein sicherer und skalierbarer Betrieb gewährleistet ist. Die meisten Ver-

brauchsprognosemodelle werden in regelmäßigen Abständen im Batch-Modus betrieben. Bei besonderen Anwendungsfällen sind diese Plattformen in der Lage, trainierte Modelle in Formaten wie JAR, SQL, PMML, PFA und ONNX zu exportieren, sodass sie flexibel in jede Art von Anwendung integriert werden können.

Monitoring

In diesem Abschnitt werden vorwiegend kurzfristige Prognosen behandelt. Denn mittelfristige und langfristige Prognosen sind systematisch von Drifts betroffen, da die Zukunft nicht exakt so aussieht wie die Vergangenheit. Das hat zur Folge, dass die Modelle meist grundsätzlich neu trainiert werden, bevor sie für Vorhersagen verwendet werden. Bei kurzfristigen Prognosen sollten neben der allgemeinen IT-Infrastruktur (um Warnmeldungen auszugeben, wenn Prognosen nicht rechtzeitig erstellt werden, und Warnungen bei Ereignissen, die zu Terminüberschreitungen führen können) auch die Modelle selbst überwacht werden.

Die erste Form des Monitorings betrifft die Überwachung möglicher systematischer Abweichungen bzw. Veränderungen in den Daten (*Drift*). Im Rahmen der Prognose des Stromverbrauchs ist es entscheidend, dass diese Überwachung zusammen mit dem Deployment des Modells durchgeführt wird. Um sicherzustellen, dass das trainierte Modell verwendet werden kann, sollten die beteiligten Teams etwaige Anomalien und Datenbrüche aufspüren. Ansonsten sollte ein Ausweichmodell verwendet werden, das auf aktuelleren Daten oder einer normativen Disaggregation bzw. Aufschlüsselung mehrerer Verbrauchsprognosen basiert. Durch diesen ersten Schritt können schwerwiegende Abweichungen während des Produktivbetriebs erkannt werden.

Obwohl Data Scientists versuchen, die Modelle so zu konzipieren, dass sie sich dynamisch an das Verbrauchsniveau anpassen (wie ARIMA), kann es von Vorteil sein, zu ermitteln, ob einige Verbrauchswerte höher oder niedriger ausfallen als in den Trainingsdaten. Diese Veränderungen können langsam vonstattengehen, sodass sie während des laufenden Betriebs nicht erkannt werden. Durch eine Analyse der getätigten Prognosen außerhalb des laufenden Betriebs – zum Beispiel einmal im Monat, sofern die Prognosen jeden Tag für den nächsten Tag berechnet werden – können diese allmählichen Veränderungen erkannt werden. Falls die tatsächlich realisierten Werte (*Ground Truth*) nicht verfügbar sind, wäre es in diesen Fällen sinnvoll, auf ein Ausweichmodell für die jeweiligen Verbräuche auszuweichen.

Nach den zuvor beschriebenen Arbeitsschritten ist es schließlich möglich, die Güte der Vorhersage durch verschiedene Maße wie den mittleren absoluten prozentualen Fehler (*Mean Absolute Percentage Error*, MAPE) zu beurteilen. Wenn über einen längeren Zeitraum (z.B. einen Monat) eine Verringerung der Güte einiger Modelle festgestellt wird, kann es – sofern neue Daten zur Verfügung stehen – helfen, die entsprechenden Modelle erneut zu trainieren, um so die Güte des Modells wieder zu verbessern.

Dies erfordert eine enge Verzahnung der Entwicklungs- und Produktivumgebung mit CI/CD-Prozessen (wie in Kapitel 6 ausführlich erläutert). Möglicherweise genügt es, das Deployment neuer Modelle einmal im Jahr händisch anzugehen, denn es ist in der Regel zu kostspielig, dies einmal im Monat zu tun. Mit einer modernen Data-Science- und Machine-Learning-Plattform ist es auch möglich, mit dem neuen Modell ein paar Tage lang einen Schattentest durchzuführen, bevor es für die Prognosen eingesetzt wird.

Abschließende Überlegungen

In diesem Kapitel haben wir gesehen, wie man auf Basis von Daten den Betrieb eines Stromversorgungsnetzes unterstützen kann. Dabei können verschiedene Methoden (sowohl mit als auch ohne Verwendung von Machine Learning) zum Einsatz kommen, um Vorhersagen für bis zu Tausende von Stromverbräuchen für einen bestimmten Zeithorizont (von Minuten bis Jahrzehnten) zu treffen.

Dank MLOps wurden Planungs-, Deployment- und Überwachungsprozesse branchenübergreifend vereinheitlicht und Data-Science- und Machine-Learning-Plattformen zur Unterstützung dieser Prozesse entwickelt. Entwickler von Verbrauchsprognosesystemen können diese Standardprozesse und -plattformen nutzen, um die Effizienz dieser Systeme im Hinblick auf die Kosten, die Qualität oder die Dauer bis zum Einsatz (Time-to-Value) zu verbessern.

Mit etwas Abstand betrachtet, wird deutlich, dass es in verschiedenen Branchen eine Vielzahl von Anwendungsfällen für den Einsatz von Machine Learning gibt, die alle ihre eigenen Feinheiten haben, wenn es darum geht, das Problem zu formulieren, die Modelle zu entwickeln und sie in die Produktion zu überführen – all das, was wir in diesem Buch behandelt haben. Aber unabhängig von der Branche oder dem Anwendungsfall bieten MLOps-Prozesse durchgängig einen roten Faden, der es Datenteams (und im weiteren Sinne dem ganzen Unternehmen) ermöglicht, ihre Machine-Learning-Aktivitäten zu skalieren.

Index

A

E

F

G

H

I

J

K

L

S

T

U

V

W

X

Z

Über die Autorinnen und Autoren

Mark Treveil hat bereits zahlreiche Produktlösungen in verschiedenen Bereichen wie etwa Telekommunikation, Bankwesen und dem Online-Börsengeschäft konzipiert. Sein eigenes Startup hat eine regelrechte Wende in der britischen Kommunalverwaltung initiiert, wo es noch immer vorherrscht. Derzeit ist er im Pariser Produktteam von Dataiku beschäftigt.

Nicolas Omont ist VP of Operations bei Artelys, wo er mathematische Optimierungslösungen für Energie und Transport entwickelt. Zuvor war er Dataiku Produktmanager für ML und erweiterte Analytik. Er hat einen Doktortitel in Informatik und arbeitet seit 15 Jahren im Bereich Operations Research und Statistik, hauptsächlich in den Bereichen Telekommunikation und Energieversorgung.

Clément Stenac ist ein leidenschaftlicher Softwareingenieur, CTO und Mitbegründer von Dataiku. Er beaufsichtigt das Design und die Entwicklung der Dataiku DSS Enterprise AI Platform. Zuvor war Clément Leiter der Produktentwicklung bei Exalead und leitete das Design und die Implementierung von Web-Scale-Suchmaschinen-Software. Als ehemaliger Entwickler der Projekte VideoLAN (VLC) und Debian hat er auch umfangreiche Erfahrung mit Open-Source-Software.

Kenji Lefèvre ist VP of Product bei Dataiku. Er beaufsichtigt Produkt-Roadmap und User Experience der Dataiku DSS Enterprise AI Platform. Er hat einen Doktortitel in Mathematik von der Universität Paris VII. Bevor er zu Data Science und Produktmanagement wechselte, führte er Regie bei Dokumentarfilmen.

Du Phan ist Machine Learning Engineer bei Dataiku, wo er an der Demokratisierung der Datenwissenschaft arbeitet. In den letzten Jahren hat er sich mit einer Vielzahl von Datenproblemen beschäftigt, von der Geodatenanalyse bis zum Deep Learning. Seine Arbeit konzentriert sich nun auf verschiedene Facetten und Herausforderungen von MLOps.

Joachim Zentici ist Engineering Director bei Dataiku. Er hat einen Abschluss in angewandter Mathematik von der Ecole Centrale Paris. Bevor er 2014 zu Dataiku kam, arbeitete er als Research Engineer im Bereich Computer Vision bei Siemens Molecular Imaging und Inria. Bei Dataiku hat Joachim bereits auf vielfältige Weise Beiträge geleitet, dazu gehören das Management des Ingenieursteams, das für die Kerninfrastruktur verantwortlich ist, der Aufbau des Teams für Plug-Ins und Ökosystem und die Leitung des globalen Technologie-Schulungsprogramms für Ingenieure mit Kundenkontakt.

Adrien Lavoillotte ist Engineering Director bei Dataiku, wo er das Team leitet, das für Machine Learning und Statistikfunktionen in der Software verantwortlich ist. Er hat an der ECE Paris studiert, einer Hochschule für Ingenieurwesen, und für mehrere Startups gearbeitet, bevor er 2015 zu Dataiku kam.

Makoto Miyazaki ist Data Scientist bei Dataiku und verantwortlich für die Bereitstellung von praxisorientierten Beratungsdienstleistungen mit Dataiku DSS für europäische und japanische Kunden. Makoto hat einen Bachelor-Abschluss in Wirtschaftswissenschaften und einen Master in Data Science. Er war auch als Finanzjournalist tätig mit einer breiten Palette von Themen, einschließlich Kernenergie und der wirtschaftlichen Erholung nach dem Tsunami.

Lynn Heidmann machte 2008 ihren Bachelor-Abschluss in Journalismus/Massenkommunikation und Anthropologie an der University of Wisconsin-Madison und beschloss dann, ihre Leidenschaft für Recherche und Schreiben in der Welt der Technik einzusetzen. Sie verbrachte sieben Jahre in der San Francisco Bay Area, wo sie für Google und später für Niantic schrieb und arbeitete, bevor sie nach Paris zog, um Content-Initiativen bei Dataiku zu leiten. Aktuell schreibt Lynn über technologische Trends und Entwicklungen in der Welt der Daten und KI.

Über den Übersetzer

Marcus Fraaß ist Diplom-Volkswirt und Data Scientist. Derzeit beschäftigt er sich insbesondere mit Natural Language Processing und Deep Learning.

Kolophon

Das Tier auf dem Cover von *MLOps – Kernkonzepte im Überblick* ist eine afrikanische Motte namens *Bunaeopsis oubie*, auch bekannt als *Zaddach's Emperor*, die in ganz Zentral- und Ostafrika von Angola bis Eritrea zu finden ist. Sie gehört zur Familie der Pfauenspinner (*Saturniidae*), die 1000 Arten der größten Motten der Welt umfasst.

Diese afrikanische Motte hat eine sehr große Flügelspannweite, die bis zu 25 Zentimeter betragen kann. Damit ist sie größer als manche Vögel. Ihre Flügel haben eine charakteristische Zeichnung: ein rotbrauner Kreis auf jedem der vier Flügel, dunkelbraune Streifen auf der Unterseite und weiße Striche am Rand des Thorax und entlang der Außenkanten jedes Flügels. Die Fühler der Motte sind dick und gefiedert. Ihr ganzer Körper stößt Wasser mit einer Wachsschicht ab, die ihre Haare und die Schuppen auf den Flügeln bedeckt.

Motten werden von weißen, duftenden Blüten angezogen, die sie nachts leicht erschnüffeln und mit ihren pelzigen, klebrigen Körpern bestäuben. Viele Tiere und Vögel sind bei ihrer Ernährung auf Motten angewiesen, darunter Eulen und Fledermäuse. Mottenraupen sind Beute für Eidechsen, Vögel und viele kleine Säugetiere.

Viele der Tiere auf den O'Reilly-Covern sind vom Aussterben bedroht. Doch jedes einzelne von ihnen ist für den Erhalt unserer Erde wichtig.

Die Illustration auf dem Umschlag dieses Buchs stammt von Karen Montgomery, die hierfür einen Stich aus der *Encyclopedie D'Histoire Naturelle* verwendet hat. Der Umschlag der deutschen Ausgabe wurde von Karen Montgomery und Michael Oréal entworfen. Auf dem Cover verwenden wir die Schriften Gilroy Semibold und Guardian Sans, als Textschrift die Linotype Birka, die Überschriftenschrift ist die Adobe Myriad Condensed, und die Nichtproportionalschrift für Codes ist LucasFonts TheSans Mono Condensed.

Rezensieren
Sie dieses Buch

Senden
Sie uns Ihre Rezension
unter **www.oreilly.de/rez**

Erhalten
Sie Ihr Wunschbuch aus
unserem Verlagsangebot